中国管理名家文库

认知管理

Cognitive Perspectives

陈春花 - 著

企业管理出版社
ENTERPRISE MANAGEMENT PUBLISHING HOUSE

图书在版编目（CIP）数据

认知管理 / 陈春花著. —北京：企业管理出版社，2021.3
ISBN 978-7-5164-2126-0

Ⅰ. ①认… Ⅱ. ①陈… Ⅲ. ①认知科学 Ⅳ. ① B842.1

中国版本图书馆 CIP 数据核字（2021）第 031689 号

书　　名：	认知管理
作　　者：	陈春花
责任编辑：	徐金凤　王仕斌
书　　号：	ISBN 978-7-5164-2126-0
出版发行：	企业管理出版社
地　　址：	北京市海淀区紫竹院南路 17 号　　邮编：100048
网　　址：	http://www.emph.cn
电　　话：	编辑部（010）68701638　发行部（010）68701816
电子信箱：	qyglcbs@emph.cn
印　　刷：	河北宝昌佳彩印刷有限公司
经　　销：	新华书店
规　　格：	170 毫米 ×240 毫米　16 开本　17.75 印张　270 千字
版　　次：	2021 年 3 月第 1 版　2021 年 3 月第 1 次印刷
定　　价：	78.00 元

版权所有　翻印必究　·　印装有误　负责调换

代序

你的阅读鼓舞了我
——写在"春暖花开"五周年的日子里

　　日复一日的研究让我明白,在一个数字技术快速融入的时代,我们正经历着巨大的变化,大到我们已经跟过去的那个时代告别,正在迈入一个新的时代。面对新时代,每一个人都不免有焦虑和不安,我也不例外;与此同时,"春暖花开"上每一位读者的期待更增添了我的惶恐。我要求自己不断克服焦虑与不安,尽力去理解这些变化,并寻求其中可理解与认知的内容,然后呈现给大家,完成一个学者应该完成的责任,在不确定中寻求确定性。我要求自己感知这份惶恐,用心去感受这些变化,并体味其中可探寻与总结的内容,然后呈现给大家,完成一个教师应该完成的责任,用知识去探寻未知。

　　我把自己置身于数字化时代巨大的变化之中,让我的文章定位为"认知而非预测,进化而非判断"。我要求自己细致地去观察那些在数字化进程中表现优异的企业和企业家;我要求自己不受限于自己的知识与经验,拓展边界,跨界学习,这样才有可能跟上数字化时代的变化,拥有新理念、新认知,最重要的是拥有接纳变化、融合差异的能力。

　　不过,这仅仅是数字技术带来生存方式改变对我的影响。另一个驱动我持续去更新自我,不断进化的力量,则是来自你——"春暖花开"上的每一位读者。

　　五年前决定开通"春暖花开"微信公众号时,我并未想过它可以产生多大的影响,只是希望有一个可以明确表达自己思考的载体。持续写作发表的过程中，越来越多的读者参与并展开互动。到了2019年，"春暖花开"一年的阅读量达到1184万人，千万人的阅读量对我而言已是巨大的责任。

正是你的阅读，使得我要求自己必须努力配上这份阅读。我必须去理解变化意味着什么？这些变化发生在哪些领域？其中最重要的变化是什么？它们各自都有什么含义？面对这些变化，我们需要改变的是什么？需要学习与更新的又是什么？

我把这些问题留给我自己，同时也提供给读者，我们彼此的交流与互动，持续增进我对这些变化的理解。这些理解的增进让我感受到进化的快乐，也让我开始感受变化带来新知的美好。记得彼得·德鲁克讲过一个故事，奥图·纽拉特（Otto Neurath）认为：来自任何领域的信息只要能被量化，在本质上都是相同的，都可以用相同的方式来处理与表现（顺便提一下，这也是现代统计学的理论基础）。这种全新的观念在当时被认为是异端，没有被人普遍接受。但是到了今天，一切都在转换为数据已经成为我们的共识。因为这种认知的进化，使得无论是技术创新还是商业创新，都层出不穷。

2019年的夏天，我到希腊去拜访先哲，这使我更深地理解了苏格拉底对知识的定义。苏格拉底认为，知识的唯一功能是自知，促进个人在智力、道德与精神层面的成长。对苏格拉底来说，知识的目的是达到自知与自我发展，知识对人产生的效果都是内在的，我很认同苏格拉底有关知识的这个界定。事实上，当我们身处数字化时代，看到传统行业运用数字技术所释放出来的巨量价值之时，究其深层的原因，都是因为这些传统行业对自己进行了知识与数据的改造。传统行业因运用数字技术更新自己行业知识所获得全新发展，也正是我们每一个人可行的路径。

理解知识与自我知识更新的价值，可以帮助我们乐观地面对变化和挑战。这种乐观并不是盲目与逃避，而是将其视为一项需要完成的任务并拥有了完成任务的可行性。

每当夜深人静提笔写作时，我都会想到清晨七点"春暖花开"第一位读者点开阅读的样子；每当去探讨一个话题时，我都会想到"春暖花开"读者留言的语句；每当遇到问题需要回应时，我都会想到"春暖花开"读者审视的目光。

五年来，我不敢懈怠，更不敢忘记自己作为一位学者、一名教师的职责，那就是确信知识的力量。

彼得·德鲁克对于知识的定义，同样给我加持，他说："知识是一种能够改变某些人或事物的信息，这既包括使信息成为行动基础的方式，也包括通过对信息的运用使某个个体（或机构）有能力进行改变或进行更为有效的行为的方式。"是的，我们可以确认，知识就是一种能够增强实体有效行动能力的合理信念。

所以，有你的阅读鼓舞，有对知识的确信，我知道，自己依然可以安静地走下去。

"春暖花开"五周年的时候，恰是2020年的春天，所以这篇为周年写的文章并未如期发表。在这个春天，我全力以赴为疫情冲击下的企业写作，把所有的时间都专注于面对危机如何应对的思考与对话之中。

当企业管理出版社孙庆生社长为"中国管理名家文库"向我约稿时，我想也许可以把"春暖花开"5年来的"10万+"文章集结出版。我选择了一部分与认知管理相关的文章，分为四个部分呈现出来，这里每一篇文章都有众多的读者交流，这些交流又继续推动我的思考与研究。如果说我能够保持持续高强度的写作，真正的动力就是来自千万读者的阅读，这一切总是让我内心充满感恩，所以想把大家喜欢的文章集结为一本书。幸运的是，孙庆生社长支持这个想法，就有了这本"春暖花开"公众号"10万+"文章选编。感谢《企业管理》杂志的王仕斌老师，每一次深度交流都给了我很多启发与帮助。我也要感谢知室小伙伴们的协同创造，有了他们的帮助，让阅读更美。

在一个图像逐渐取代文字的世界里，我更希望保留一个文字的媒介，因为我觉得，文字的反省力远远高于图像，也因为此，我保有"春暖花开"的文字特性，希望在这个空间里，大家经由我的文字，去感受彼此的默契与思考的魅力，去感染彼此安静对话的氛围，去体味彼此智慧激荡的美好。

2020年2月4日

目录

第一部分　认知基础管理

管理就是向下负责 / 3
公司是一个家吗 / 6
回归管理本源的五个追问 / 8
管理的本质是实现员工的自我领导 / 17
计划制订与实施 / 25
降低企业内部成本的五种方法 / 40
营销的基本逻辑就是做好三件事 / 46
看清服务的本质 / 52
高效会议五原则 / 56

第二部分　认知自我管理

成功只属于不断行动的人 / 61
效率低是因为不会管理时间 / 64
让知识为自我赋能 / 69
未来工作中如何才能不被取代 / 82
一个人成长所需的四个要件 / 87
你的专注度决定未来 / 91
持续自我完善方能成为真正优秀的人 / 95
向未来求知需要全新领导力 / 102
要成为领导，先学会领导自己 / 113

管理者的自我认知与反思 / 121
生命是一条自我觉知之路 / 131

第三部分　认知数字化时代管理

激活个体与组织 / 141
"改变"是最大的资产 / 151
百年管理已从分工走向协同 / 156
从管控到赋能 / 166
一文讲透数字时代的战略认知、逻辑和选择 / 172
三个判断和一个结论 / 186

第四部分　认知当下与未来

与任正非先生围炉日话 / 197
需要定力来面对不确定性 / 203
2018 年的关键词 / 206
这个时代没有旁观者 / 211
2019 年的关键词 / 215
做好每一个当下 / 219
2020 年的经营关键词 / 233
2020 涅槃时刻 / 238
改变从每一个人开始 / 243
疫情对经济的影响和企业对策建议 / 250
疫情下如何启动"新开工模式" / 254
企业必须做出五个变革 / 257
2021 年的经营关键词 / 263

结束语

"生意"就是"生活的意义" / 271

第一部分

认知基础管理

管理就是向下负责

导语：如何面对员工？如何对待员工？正确的答案是：管理是向下负责，即管理者要对员工负责。

顺丰小哥被刷屏，因为他有一个可依靠的总裁。当顺丰小哥被打的视频曝光后，顺丰集团总裁王卫在朋友圈发文称："如果这事不追究到底，我不配再做顺丰总裁！"这话掷地有声、立场坚定，让我极为赞赏。顺丰的官方微博也对快递员被打一事做出回应，并且向网友表示已找到受委屈的小哥，并承诺照顾好他，让人心暖，让人心生感动，也让人觉得充满希望。更让我赞赏的是，顺丰总裁同时做出承诺："未来也会像保护这位小哥一样，保护所有员工！"

如果回看顺丰总裁的演讲及讲话，可以看到王卫一贯的观点，一线快递员是支撑顺丰的基础，是顺丰集团真正的核心资产！他是这样说的，也是这样做的。所以，我可以感受到顺丰快递员的敬业和专业，也可以感受到顺丰的方便与快捷。当时一直认为是因为顺丰快递员的工资高，所以才会有这样的敬业与尽心，但是这一次，看到王卫对于这件事的反应，我相信作为顺丰的员工，一定是可以做到这样的服务水准的。

我们一直在探讨如何进行管理，这个问题的答案，其核心在于管理者如何面对员工，如何对待员工。正确的答案是：管理是向下负责，即管理者要对员工负责。

让管理产生绩效，最终体现在员工的成长与工作成果中。相对于管理中的所有资源来说，人是最重要的资源，对人的激励也是最重要的，对于这个方面的认识，管理者都不会缺少，而缺少的是对于员工成长的安排和支持。我一直认为，员工的绩效是由管理者决定的，也是管理者设计的，只要管理者了解到员工的长处，尊重员工，并能够按照员工的长处设计其工作，绩效会自然得到。一句话，员工的成长和绩效是管理者设计出来的。

向下负责是管理者的核心职责。负责是一种能力的表现，也是一种工作的方式。当我们说会对一个人负责的时候，实际上已经把这个人放在自己的生存范畴中。我们可以这样定义向下负责："为了你、你的员工和公司取得最好的成绩而有意识地带领你的员工一起工作的过程"。向下负责就包含了三个方面的内容：第一，提供平台给员工；第二，对员工的工作结果负责；第三，对员工的成长负责。

为了完成向下负责的核心职能，管理者需要做出四个方面的努力。

第一，提供清楚的方向感与努力的目标。协助员工了解其工作对于实现企业目标的重要性是非常关键的，很多员工不能符合企业的管理要求或者企业的发展，很大程度上是你没有与员工沟通工作团队的方向和目标，你不能够有技巧地与员工沟通新的见解与观察，使得员工根本无法了解目标与方向，自然就无法得到好的结果，但是这样的情况出现后，很多管理者会把责任推到员工身上，认为是员工没有能力。我坚持确信，没有不好的士兵，只有不好的将军。

第二，鼓舞员工追求更高的绩效。能够鼓舞员工更上一层楼是第二个重要的构面，有能力让员工努力超越目标，达到他们原本认为不可能达到的境地是对于管理者能力的考验。没有员工能力的提升，也就不会有超越，企业是在员工自我超越的过程中创造佳绩的。如果可以让员工体验高绩效带来的美好感觉及益处，员工就会实现高绩效。

第三，支持员工的成长及成功。向下负责的具体表现是支持员工的成长和成功，做到这一点首先需要管理者真诚地关心员工的生涯发展，将组织的愿景及目标转化为团队成员的挑战及有意义的目标，并能够让组织的目标与员工的发展目标合而为一；其次需要管理者对于员工的工作内容有兴趣，了解员工的工作与组织策略的关联所在；再次需要管理者对于员工每一个小的成功都给予极大的关注和表扬；最后能够真正让员工感受到你对于他的成功的支持和肯定，给予员工满足感。

第四，建立信任的关系。被工作团队的成员所信任是实现向下负责的基础，只有被员工信任你才能够发挥作用，带动大家。这样要求管理者能够真正尊重员工，能够给予员工安全感，能够为员工解决困难，并坚定地站在员工的立场去处理问题，这样才会有一个信任的环境，并得到彼此的信任，才能建立良好的合作关系。因此需要管理者能及时了解员工的需求，了解员工的优势和不足。更重要的是，管理者能以建设性的方法处理棘手的问题，让员工在感受到你的能力的同时能够学习到经验。

我一直主张，管理是"向上管理，向下负责。"之所以坚持这个主张，是因为很多时候，管理者会认为管理是向下管理，向上负责。我不同意这样的观点，因为相对于管理者而言，员工是缺少资源、能力不足的，如果管理者不对他负责，他根本无法取得绩效。在我看来，管理者就应该为员工营造一个安心工作的环境，就应该让员工可以喜欢上自己的工作。顺丰总裁做到了，所以顺丰快递小哥也就成为了顺丰的核心资产，所以我为顺丰总裁点赞。

（2016-04-20）

公司是一个家吗

导读：在现实的管理当中，我们的管理一直存在一个非常错误的观点，认为公司就是一个家。一直以来，很多管理者认为需要成为"父母官"，很多人都认为"应该以公司为家"，这些观点其实是不对的。

组织的属性决定了组织自身有着自己的特点，作为一个需要对目标和效率做承诺的人的集合体，我们需要还原组织自己的特性。

在现实的管理当中，我们的管理者一直存在一个非常错误的观点，认为公司就是一个家。一直以来，很多管理者认为需要成为"父母官"，很多人都认为"应该以公司为家"，但是这些观点其实是不对的。公司到底应该是什么样的状态，我们还是需要回归到组织本身的属性上。当一个人与组织连接的时候，对于这个个体来说，组织和个人的关系该如何理解就变得非常重要。当我们说"公司不是一个家"的时候，就表明组织不会照顾个人，也就意味着在组织中我们是用目标、责任、权力来连接，而不是用情感来连接的。

组织有正式组织与非正式组织之分。正式组织就是指运用权力、责任和目标来连接人群的集合；非正式组织是指用情感、兴趣和爱好来连接人群的集合。我们在管理概念下主要是谈正式组织，因为当说到组织管理的时候，应该就是谈论责任、目标和权力，所以，组织理论从简单的意义上讲，就是探讨责任与权力是否匹配的理论，组织结构设计从本质意义上讲就是一个分权、分责的设计。所以当我们理解组织的时候，也就意味着对于组织而言，不能够谈论情感、爱好和兴趣，不能够希望组织是一个"家"。我们只能够抱歉地告诉人们组织不是家，组织更注重的是责任、权力和目标，当目标无法实现的时候，组织也就没有存在的意义，而组织中的人也就失去了存在的意义。

上课的时候，我常常问大家一个问题——家庭是什么样的组织？很多人都不确定家庭是正式组织，真是奇怪的现象。但是为什么会出现这样的情况呢？因为家庭是一个非常奇特的组织，从组织属性上讲家庭是正式组织，但从管理的属性上讲家庭是非正式组织管理。所以回到家里，一定要讲情感、爱好和兴趣，千万不要讲责任、目标和权力。可是我们常常看到的情况是反过来的，到家里人们大讲责任、权力和目标，在家里争论谁的权大，责任应该是谁的，而且为家庭设计了非常高的目标。结果发现，家里人常常因为谁说了算而大伤感情，常常因为家里谁该做家务，做饭是谁的责任而不和；相反到了企业里，人们大讲感情、爱好和兴趣，不断地希望能够被照顾，不断地强调需要和谐，不断地寻求"家"的感觉，觉得应该让每一个人都得到关心。其实这刚好是错的，在家里根本就没有责任和权力的划分，双方需要不断地增进感情，培养共同的爱好和兴趣，双方共同承担责任，让生活充满爱及和谐。而在企业里不能够从情感出发，组织存在的理由就是创造价值，如果不创造价值组织就不可能存在，而创造价值就需要承担责任、需要权力，从而实现目标。因此感情不是首要的，如果没有价值创造，再关注人的组织也是要被淘汰的。所以，我一直认为，组织管理中最为根本的困扰是我们违背了组织的属性，忘记了管理需要面对责任、目标和权力，而不是培养情感。

所以，当你发现一家企业非常讲究分工、责任和目标的时候，你应该珍惜这家企业，因为这家企业具有很好的组织管理特性。当你发现一家企业除了讲究分工、责任和目标之外，还能够照顾到员工的情绪和爱好，还能够给予情感方面的关注，那么你一定要非常热爱这家公司，因为这是一家好公司。当一家公司没有照顾到你的情绪而有效率的时候，这是一家正常的公司；当一家公司既有效率又有情感的时候，这是一家好公司；当一家公司有情感而没有效率的时候，这家公司一定有问题。

（2016-10-26）

回归管理本源的五个追问

导读：管理是什么？管理中最大的困难是什么？经典管理理论是否已经过时？优秀管理者应具备哪些必要条件？管理者为什么要特别关注增量知识的获取？

最近《哈佛商业评论》中文版采访我，围绕管理的五个问题展开。这是中国管理实践中比较难达成共识但又是很本质的问题，今天，在"春暖花开"公众号上，我们一起回归管理本源做五个追问，希望对大家2018年的工作开展有帮助。

第一个问题，管理是什么？

第二个问题，管理中最大的困难是什么？

第三个问题，经典管理理论是否已经过时？

第四个问题，优秀管理者应具备哪些必要条件？

第五个问题，管理者为什么要特别关注增量知识的获取？

⊙ 第一个问题，管理是什么

我认为管理解决两个问题：第一个，让一些人在一起共同去做一件事情；第二个，怎么能够让大家在做这件事情的时候，都能够发挥作用，并且拥有价值的创造。

在我众多的作品中，《管理的常识》是最畅销的一本。我想它畅销的原因可能是因为它恰恰是可以跟大家去讲述一些最基本的管理概念、一些常识性的认识，而这些常识性的认识恰恰就是我们最容易犯错的一些地方。

在二十余年的管理研究、教育和实践中，我看到在管理当中一些非常好玩的现象。这些现象让我觉得："如果理论上不清楚，可能我们在行为上的偏差比我们想象的要大得多。"

比如说，我一直发现大家都很在意下属的能力，其实下属的能力可能不是最重要的，最重要的就是这个下属的直接上司能不能让他产生绩效。

比如说，我们常常看到公司内部有人员流动，大家遇到人员流动会非常紧张。如果我们理解管理，就会理解流动是非常正常的现象，因为如果自问我们自己，其实我们自己就很想流动，不想固定在一个岗位上。

比如说，你也会看到，我们有些时候努力了很久都不会有绩效的结果，然后我们就会问，是不是我们的运气不好？其实，如果你真的学习管理，绩效的产生在更大程度上是源于工作、工作岗位，以及上司对你的支持。你的努力也很重要，可是这些支持同等重要，这些东西的组合其实才可以帮助我们把管理的绩效做出来。更多的一些现象，大家会认为，组织的绩效跟每个人关联度很高，可是我今天也要认真地告诉大家：组织的绩效最重要、关联度高的因素是管理者。如果管理者胜任，我们就可以让本不可以胜任的人胜任。我想这恰恰是管理最大的魅力。

可能正是源于对这些问题的一些长期的观察和思考，我让大家回归常识去认识管理，让这些常识能够帮助我们，不要在实际工作当中产生太大的偏差。这也是《哈佛商业评论》中文版采访我问道"管理是什么"时，我给出的答案。管理主要解决两个问题：第一个，让一些人在一起共同去做一件事情；第二个，怎么能够让大家在做这件事情的时候都能发挥作用，并且拥有价值的创造。

为了帮助大家理解这两点，我希望大家对如下三个观点有所认识，这对大家深入理解"管理是什么"是有帮助的。

第一个认识，绩效到底从哪里来

我们很多时候会认为，管理的绩效可能会从我们每个人的努力当中来，也可能会从我们每个人的能力当中来。我想这个认识是没有错误的。可是管理绩效的真正来源实际上是，每一个一线员工能得到资源，都可以使用资源。在现实当中，我们比较在意的实际上是管理的权力，在意我们可不可以让这个权力变得更加可控，能够让管理者具有更大的决策权。但事实上绩效跟这些都没有太大的直接关系，与绩效真正有直接关系的其实是一线员工可不可以得到并使用资源。我想这就是我们在管理当中可能需要调整和认知的东西。

第二个认识，也是需要跟大家达成共识的，就是"管理到底有没有对错？"

我的作品《管理的常识》出版后，得到最大质疑的就是"管理没有对错"这句话，他们不认同。我在想大家不认同管理没有对错，可能跟我们的思维方式有关系。我们比较在意事情是不是真的可以解决，到底因为对，还是因为错，才能够让事情得以解决？可能大家对对错上的关注度实际上是非常高的。管理的确是没有对错的，原因是什么？一个很简单的原因：管理不是用对错评价，而是用结果来评价的。我之所以想用这个概念来跟大家讲，是因为我们很多人对对错的关注实际上是非常高的，可是我们对结果的关注不会那么高。所以，我们就会发现，以结果为导向的管理，绩效是非常明显的，以对错来做导向的管理就没有那么明显了，甚至会带来内耗，这是我想跟大家达成的第二个共识。

第三个认识，是关于目标

我们在谈计划管理的时候，大家可能比较在意目标怎么分解，我们的目标是否合理。可是如果你真的回归到常识去想，一旦对理论有了真切的认识就会知道，目标一定是不合理的，它是由三个要素决定的：第一个要素，你对未来的判断；第二个要素，你对战略的要求；第三个要素，你自己的决心。我把这三个要素给你，你就会知道目标一定不合理了。对吧？这三样东西其实都是不定的。战略是一个选择，预测是个选择，你的决心也是个选择，我们实际上没有办法用它合不合理来判断。所以，目标一定是讨论它的必要性，而不是去讨论它的合理性。一个不合理的目标却可以支撑我们的整个计划管理，根本原因是什么？其实是实现目标的行动要合理。如果你懂得这一点，你就可以知道，我们在管理常识当中理解的道理，会让我们在日常工作当中减少很多内耗和冲突。这样我们可能就不太需要在内部过多地讨论目标合不合理，我们可能会花更多的时间来讨论怎么寻找资源，让目标得以实现。这是第三个我希望跟你达成的共识。

所以你会发现，员工的绩效其实是由管理者决定的，只要我们每个管理者能够真实地理解管理的知识和常识本身，我们就会让身边的所有人产生绩效，而每个人因你而产生绩效的时候，组织的绩效和你本人的绩效也会取得进一步的成长。彼得·德鲁克给职业经理人一个非常好的定义，他说什么叫经理人？经理人他自己是没有绩效的，经理人的绩效取决于他的上司和他的下属，当他们都有绩效的时候，他就会有绩效。让一些人在一起共同去做一件事情，而且怎么让大家在做这件事情的时候都能够发挥作用，并且创造价值。这就是管理。

⦿ 第二个问题，管理中最大的困难是什么

对于中国的企业管理者而言，我认为管理中最大的困难是这三点：第一，做到上下同欲；第二，能够让大家体会到在做这件事情的过程中真正有价值贡献；第三，将每一个人与共同目标组合在一起。

熟悉我的人会知道，在25年前我设了一个持续30年的研究课题，就是研究中国企业的领先规律。这30年的研究课题，关于领先企业的主要特征是什么，我写成的研究报告叫作《领先之道》。我从3000家企业当中筛选出来5家（海尔、TCL、联想、华为和宝钢）进行研究，我发现这些能够领先的企业，有一个最重要的要素，它们都有一个非常好的领导者。它们的领导者都能克服这三点困难，而那些管理不佳的企业却做不到，那就是上下同欲，能够让大家体会到在做这件事情的过程中真正有价值贡献，让每一个人与共同目标组合在一起。

联想、华为、海尔等先锋企业的有效管理实践证明，企业可持续发展的核心是激发人，激发人的主人翁感，激发人内在成长的自我驱动力，激发人担当责任从而获得成就的行动。可以说，激发人是企业可持续发展的本源之所在。这是管理的难点，也是必须跨过去的坎。

彼得·威利斯预测三个主要趋势推动新的范式发展：第一，所有体系中不断增长的压力和干扰；第二，商业和社会组织将快速发展产生可行度更高的、新的组织形式；第三，人类价值的演变。那么新范式的关键要素是什么？彼得·威利斯的结论是"在商业世界中，我们需要具有企业家精

神的企业来解决未来的许多问题"。在我看来，这种具有企业家精神的企业，其核心要素就是在组织中生成那些具有企业家精神的人。不是企业家、管理者才必须具有企业家精神，而是人人都具有"企业家精神"；不只是自上而下地发动与带动，而是每个节点、每个人都是动力源。这意味着对于管理者而言，你不但是率先垂范者，更是发动者。

所有的组织经常把"人是我们最重要的资产"这句话挂在嘴边。然而，说到做到的组织非常少，真的这样认为的管理者就更少了。因为互联网技术的发展，使得个体具有了前所未有的能力，这带来了组织与个体之间的一种全新的关系，即双方不再是简单的目标任务导向，而是持续发展导向。这种新型关系中，如果组织要赢得员工的忠心，不仅仅要提供有竞争力的薪资，还必须为员工提供发展的机会，以及成长的能力。这既是对组织的新要求，也是对管理者的新要求。因此，管理者需要有激活组织和激活成员的能力，一个成功管理者应该是一个善于培养人的人，是一个能够让人们相信自我并热爱工作的人。

只有当你的公司上下同欲、达成共识，才能进行真正的改变，才能真正设计出行动的方案，也才能够在看到挑战的同时，更会看到机会。每一个管理者都担负着激发人心的天职。那么对应于每一个人呢？人人都需要是自己的发动机。这一定是一种彼此呼应的关系。所谓的企业家精神不只是自上而下的传递，而是无数个"企业家精神"体的聚集，包括你的合作伙伴也会深受感染，彼此信任合作，创造出真正伟大的产品服务，重新点燃你们与顾客之间的情感联系。这样的"智慧与连接"才能产生核聚变效应，你的企业才能实现与互联网精神相匹配的量级增长。

⊙ 第三个问题，经典管理理论是否已经过时

这是管理学界和商界常常讨论的一个话题。如果我们理解效率不再来源于分工，而来源于协同，大家就有自己的答案了，因为如果来源于协同，这100年的管理理论都没有很好地回答这个问题。过去100年来，整个组织管理理论都是回答管理如何控制的问题，都是回答我们怎么通过管控取得效率。互联网技术、智能化技术和数字化技术让很多我们之前没有碰到

过的管理问题都出现了。我想请大家理解，更重要的事情就是我们已经没法通过管控去获得增长、效率和创造，我们必须去协同和赋能。因此，在这个巨变时代，管理的理论研究者、管理的实践者就有机会做新的创造，这对我们来说是一个巨大的机会，我们确实需要找到一些新的方案来解决新的问题。

如果这个问题基于中国企业管理的角度延伸开来，那么我们在整个管理研究当中就会面临一个巨大的挑战。这个挑战就是理论与实践到底能不能关联。而对中国管理实践更多了一个挑战，就是西方的理论对于中国管理实践究竟能够指导到什么程度。在过去的40年当中，中国企业走了一段高速发展的路，使得中国企业的管理实践具有了领先全球的机会，所以我们可以看到像阿里巴巴、华为，以及千千万万的中国企业走上了世界的舞台。

今天所有的东西都在改变，没有人能够凭经验继续走下去。企业管理遇到了根本性的问题：商业模式的成功在很大程度上要组织和管理与整个客户价值的逻辑保持一致，而不是与企业的规模相关。当看到华为、阿里巴巴、腾讯这些优秀的中国企业能够创造出它们新的商业模式的时候，我们很欣喜地看到中国企业在管理模式上的机会点的到来，一个可以使我们所有人都参与价值创造的机会，这就是共享时代。

今天为什么我有信心告诉大家中国管理理论的研究是有机会的？因为有三个最重要的趋势推动了管理新范式的出现：可持续性与创造力、技术所带来的商业模式创新，以及人们价值观的改变。这些趋势让我们看到，组织最原始的命题今天全部要调整。

这些变化使得如今的管理遇到的挑战和以前不太一样，以前我们可能比较关心的是同行、对手，比较关心的是我们是否拥有独占的资源。今天你会发现没有什么东西可以独占，你并不需要太过关注你的对手，因为你并不知道对手是谁，跨界的模式比比皆是。你并不需要太过关注员工是不是对组织忠诚，因为忠诚最大的利益点在今天也发生了变化。这所有的一切，使得组织的属性有了根本性的调整，它可能不再是层级，不再是控制，不再是管控，而是平台、开放、协同与幸福。这样的组织才更有可能会吸引到有创意、有成功欲望的员工，然后这个组织才具有成长性。因此我们从领导者到文化到人，都要做根本性的改变。

1951年，爱因斯坦在普林斯顿大学给学生考试，考完以后他的助理跟他走，助理很紧张地说："博士，你为什么给这个班的学生出的考题跟去年一样，为什么给同一班出同样的考题？"爱因斯坦很经典地回答说："答案变了。"我想这就是今天，我们还是要面对市场，还是要面对客户，还是要面对自己，还是要面对所有的一切，但是必须清楚知道：答案变了！效率不再来源于分工，而来源于协同。基于这个变化，管理的理论研究者、管理的实践者就有机会做新的创造。这对我们来说是一个巨大的机会，我们需要找到一些新的东西来解决新的问题。

⊙ 第四个问题，优秀管理者应具备哪些必要条件

我认为优秀管理者有四个必要条件：第一，要更加开放；第二，要有更大的包容心；第三，要有深度学习的能力；第四，要真正能让大家做价值的创造。

今天大家都非常需要一个一起高效工作的平台，就是所有的工作必须高效，那就需要管理者作组织变革。如果你很想经济高增长，你就必须有利于经济高增长的组织架构。你得有这个概念，这个概念当中最重要的是什么？是开放、沟通、对话、互动和交流。不是要结构，不是要角色固化，要真正能让大家做价值的创造。

你的整体组织制度能不能够开放，你自己是否有更大的包容心，能不能跟更多的人、更多的组织去合作和协同，决定了你能走多远。而在今天，你们都有一个很重要的对自己的要求，就是不断地学习，我们都很难停下来，而且要有深度学习的能力。我想请大家记住，今天我们在知识和变革管理当中都要通过一个途径，这个途径叫学习，没有别的途径。

⊙ 第五个问题，管理者为什么要特别关注增量知识的获取

我认为知识将是最重要的管理要素和生产力要素，而且增量知识变得更加重要。如果我们能把存量知识和增量知识很好地组合在一个人的身上，

就是一件非常有意义的事情，这也是新商学给予管理者更大帮助的地方。

要想拥有增量知识，唯有终身学习。终身学习要有三个能力：基本学习能力、过程学习能力和综合应用能力。基本学习能力是对纯知识、专业知识、存量知识的理解，创造性知识在过程学习能力中出现，包括过程知识、增量知识、跨界知识。而综合应用能力是非常重要的，即能否去验证你的理解和想象。

彼得·德鲁克说，职业经理人的角色要改变了，过去是为工作、下属、业绩负责的人，未来是为知识应用和表现负责的人。想要让自己的能力和未来的价值符合社会要求，恐怕你确实得做改变了。

有人问我，管理的知识到底有用还是没有用？我想这个答案应该是很明确的，它一定是有用的。接着人们就会问，管理的知识到底好用还是不好用，我想答案也应该是很明确的，管理的知识应该好用。为什么说它应该好用，而不是一定好用？是因为好用不好用，其实是取决于我们对管理知识的理解。对于很多管理的知识，我们之所以觉得不好用，我觉得是因为大家对知识本质的东西没有理解透。比如，我们会非常在意人力资源的理论到底好不好用。在人力资源方面，我们往往比较在意能力胜任，比较在意考核，比较在意评估。有人微信里问我一个问题："我有一笔奖金，到底应该发给哪些部门？您有没有刚性的系数可以推荐？"我回答说，这个问题真的没有刚性的系数，其实最重要的是你可不可以跟大家形成一个绩效的共识，如果可以形成一个绩效的共识，这个奖金发放就不会有问题，如果不能形成绩效的共识，你的奖金发放一定会出问题。

知识经济的社会，最不能浪费的是知识潜力。我们一定要想办法接受自我的训练，获得深刻的洞察力、远见，前提就是你是否愿意更宽泛接受所有的东西，然后内化为自己的。你一定要深度介入社会的变化之中，才会得到足够深的、属于你自己的知识，尤其是增量知识。

通过终身学习，不断获取增量知识，对大家的帮助在以下四个方面。

第一，通过学习，让你拥有洞察能力。对很多问题，你会有思辨的能力与想象力，你会能够去寻找问题内在的逻辑，做出自己的判断，形成自己的看法。

第二，就是你可以驾驭变化。有了相关的训练，你能够去胜任更多的工作，把握更多的机会。

第三，让你具有说服力。因为你本身内在的东西已经是贯通的，你就会具备说服自己和他人的能力，你不会太焦虑。

第四，帮你拥有定力。这个是很大的一个帮助，就像我自己决定去研究一个东西，花 30 年，我觉得就是学习给我的支撑。

这是中国管理实践中比较难达成共识但又是很本质的五个问题，我把对这五个问题的认知与大家做进一步的分享，相信对中国企业管理者厘清管理的基本概念、回归管理的本源是有帮助的。

（2018-01-24）

管理的本质是实现员工的自我领导

导读：组织有潜在的优势，它能使单个人所做不到的事变成做得到的事；它能通过分工取长补短，从而取得比个人所能取得的效果之和大得多的整体效果；它能超越个人的生命而持续不断地发展。

我曾到过微信总部参观，发现那里的工作环境设计得非常宽松，除了有让员工锻炼、交流、休息的场所和设施，更重要的是形成了一种自我管理、自我承担责任与目标的氛围和习惯。在这样的氛围下，员工的创造性得到充分的发挥。越来越多的管理人员意识到企业文化对管理的深远影响，越来越多的管理咨询专家认为，一种让员工进行自我领导的文化比传统的控制管理更为有效。这一思潮和管理实践，突出强调了作为独特企业文化组成部分的价值观和目标，与完成任务所需的物质资料及工具一样重要。

当我们去观察那些持久成功的优秀企业，会发现它们有着共同的特征，就是都具有一种统合员工的企业文化，并使得员工能够进行自我管理。这也让我们从中理解到，管理的本质是让员工真正具有自我领导的能力。

⊙ 决策思维前提——公司即是"最终创造物"

21世纪初的世界正用前所未有的力量来否定自身。传统的甚至仅仅是昨天还被视为经典的东西，如今已经被扔进回收站。无论是人还是企业都脱离了传统的概念。企业中的人和人的空间（企业）都成为一种理念，组织越发显现出平台的属性，而人也从雇员的角色，转换为创造者的角色，因此企业必须进行文化革新。时代的人和时代的企业都要勇敢地拥抱失败、自我颠覆，要有强烈的求知欲，热衷于行动，富有好奇心和创造力，乐观激进，永远变革。

今天的管理环境和市场与过去相去甚远，市场、技术、人才、空间、速度都发生了翻天覆地的巨变。而人只有不断重新开始，用新的思维、新的意识、新的知识和技术——用全新的自己来面对这个世界，才能在这个时代生存。

对于管理而言，决策无疑是最重要、最困难、最花精力和最具风险的事。也正因此，企业文化的革命，首先是决策思维的变革。传统的决策标准最具影响的有三种：最优解——在所有的替代方案中找到最优方案；满意解——在预测不足的情况下只能选择满意解；合理决策标准——必须对目标清楚，有能力对情报资料进行分析得出达到目标的方案。

尽管人们在决策技术方面有了很大的成就，但是还是感觉有些缺陷，管理者在决策中更多的是考虑企业自身的利益。事实上，正如前面的分析所言，企业的构成要素中包括员工、顾客和股东，换个角度可以说包括社会、个人等利益相关者。企业活动是经济性和社会性的统一，因此，一个好的决策思维应该注重以下两个条件。决策的第一个先决条件：公司本身是最终的创造物。决策的第二个先决条件：最重要的步骤之一，不是采取行动，而是转变观念。

比较一下早期的西屋电气公司和通用电气公司，我们能很快地看出制造时钟与报时的根本区别。乔治·威斯汀豪斯对产品的发展趋势有出色的预见力，而且还是一位创造力丰富的发明家。除了西屋电气公司之外，他还创建了59家其他的公司。此外，他有敏锐的洞察力，因看出交流电系统最终会战胜爱迪生的直流电系统而受到世界的青睐，结果正如他所料。通用电气公司的第一任总裁查尔斯·科芬则不同，他没有发明过任何产品。然而重要的是，他倡议进行了一次有重要意义的创新——建立通用电气公司研究实验室，这座实验室后来被称为"美国第一座工业研究实验室"。乔治·威斯汀豪斯只能报时，而查尔斯·科芬则造了一个时钟。乔治·威斯汀豪斯的创造物是交流电系统，而查尔斯·科芬的创造物是通用电气公司。

只有持之以恒的人才能碰到好运。这条简单的真理是创立成功公司的人的奋斗支柱。目光远大的公司创立者都是坚持不懈和持之以恒的人。他们的生活信条便是：坚持下去，永不放弃。那么，应该坚持什么呢？他们的答案是：自己的公司。你可以准备放弃、修改或发展一种观点（通用电气公司最后不再坚持直流电系统，而是接受了交流电系统），但是绝不能放弃自己的公司。如果你把公司的成功与某一种观点的成功等同起来——许多商人都这样做，那么在这种观点失败的情况下，你就极有可能放弃你的公司，而一旦这种观点碰巧成功了，你就极有可能对它产生很大的好感，因而更长时间地坚持它，从而延误了对公司进行改革的时机。然而，如果你把自己的创造物看作是公司本身，而不是执行某一种观点或者利用某个短暂的市场机会，那么你就会超越任何一种观点——不管这种观点是好还是坏，致力于建设一个伟大的、长盛不衰的公司。

通过这两家公司和两位领导者的对比分析只是想说明，如果拥有的决策思维前提条件不同，所得到的结果会大有不同，而这种区别的核心是思维方式和价值判断。

⦿ 企业真正关键的因素是目标，并且是能够引领员工的目标

每个公司都有目标，但是只有目标还不够，成功公司与普通公司的不同之处就在于：它敢于迎接巨大的、令人望而生畏的挑战——就像攀登一座高山一样。试想一下 20 世纪 60 年代的登月计划，当时肯尼迪总统和他的顾问本可以躲到会议室中，起草一份诸如"让我们再仔细研究一下航天计划"之类的声明或者其他类似的空话。1961 年，科学界认为登月计划成功的可能性最多不超过 50%，实际上，大多数专家持更悲观的态度。然而，国会支持肯尼迪在 1961 年 5 月 25 日发表的声明，即"这个国家应该不遗余力地为实现这个目标而奋斗，也就是说，争取在这个 10 年结束之前把一个人送上月球，并让他安全返回"。这意味着要立即拿出 5.49 亿美元，而且在以后 5 年中还得花费数十亿美元。考虑到当时的困难，这一大胆的决定太令人震惊了，甚至让人难以接受。然而，正是这一决定使美国经济摆脱了 20 世纪 50 年代德怀特·戴维·艾森豪威尔时期萎靡不振的状况，开始大踏步地前进。

像登月计划一样，一个真正成功公司的目标是明确的、有吸引力的，能够把所有人的努力汇聚到一点，从而形成强大的企业精神。因此，一个真正的目标具有强大的吸引力——人们会不由自主地被它吸引，并全力以

赴地为之奋斗。它非常明确，能够使人受到鼓舞，而且中心突出。它让人一看就懂，几乎或者完全不需要解释。

一个企业能取得什么样的成果取决于自己所描绘的目标，尽管"争取第一"的目标并不一定能实现，但如果目标只是"保持中等"，那几乎可以肯定达不到第一。所谓"取法乎上，仅得其中；取法乎中，仅得其下"，目标的高低决定了企业业绩所能达到的程度。

詹姆斯·柯林斯（James C. Collins）与杰里·波拉斯（Jerry I. Porras）在《企业不败》（*Built to Last*）一书中提出"宏伟、大胆、冒险的目标是促进进步的有力手段"。企业真正关键的因素是目标，而不是领导人。我们可以这样理解，领导者的主要目标是通过培养下属的自我领导能力来提高他们的工作业绩。因此，领导者需要做出的主要努力就是鼓励下属制订他们自己的目标，并确保他们的目标与整个企业的目标保持一致。

是否由雇员参与制订目标，是企业文化讨论中一个多次被提及的问题。如果让雇员参与制订对他们自己的工作具有影响的决定，他们会更有干劲，能够取得更好的成绩。但是，只讲到"参与"还不够，还应该把注意力集中到时间因素和经验因素，随着雇员逐渐变得成熟、富有经验，他们能制订更加明确而准确的目标。此时，员工的追求外化为自觉的行为，并与公司的发展相吻合，个人在实现公司目标的同时，也实现自己的梦想。

⊙ 组织必须柔性化同时又能够承担特定的目标

据《圣经》记载，起初，天下人的口音言语都是一样的。他们彼此商量说："来吧，我们要建造一座城和一座塔，塔顶通天。"耶和华说："看哪，他们成为一样的人民，都是一样的言语，如今既做起这事来，以后他们所要做的事就没有不成功的了。我们下去，在那里变乱他们的口音，使他们的言语彼此不通。"结果，天下人说起了不同的语言，通天塔也就造不成了。

这则故事至少给了我们两个启示：第一，人多并不一定有力量，只有形成一个整体才会有力量；第二，相互有效的沟通是形成有效整体的必要条件。

人类为了生存和发展，需要有组织（有共同目标的人群集合体），这是因为组织有潜在的优势：它能使单个人所做不到的事变成做得到的；它能通过分工取长补短，从而取得比个人所能取得的效果之和大得多的整体效应；它能超越个人的生命而持续不断地发展。因此，怎样提高整体力就成为管理中永恒的主题之一。

的确，把正确的资源聚合到一起来完成一项工作从来都是非常重要的，现在仍是如此。不同之处只是这种聚合越来越多地不再是指去召集一个常设机构内部各种功能单位中的固定人员，而是指去任何一个地方寻找和获得最好的资源——而且这一切是在一瞬间完成的，然后又从头开始。如果一个新的机会出现了，则又是另一个网络（这种网络的每一类型都只有一次组合，绝不雷同）。汤姆·彼得斯称之为"虚拟组织"，认为应该将组织机构分解为小的、自给自足的、鲜明个性的单元，并且去掉了这些单元之上的几乎所有上层机构。

企业的整体力必须由组织来实现，因此组织最基本的功能是：组织能超越个人的生命而持续不断地发展。在变化极其迅速的当今时代，我们必须重新调整组织的结构，人们应该从习惯的组织模式中超越出来，了解和构建一种全新的组织观念，汤姆·彼得斯说："我们姑且称之为网络式的公司"。

汤姆·彼得斯早年所预言的组织，在今天已经变得越来越普遍，特别是网络技术的出现，使得个体更加有能力根据不同的任务，寻求到不同的帮助，从而形成不同的组织网络。汤姆·彼得斯比我们更早地明白了一个道理，组织必须柔性化，同时又能够承担特定的目标。

⊙ 人本管理的最好注解：用爱来经营

如何调动员工的积极性、创造力为顾客提供优质的服务，是一个极为关键的管理命题，也是每个领导者需要真正正视的问题，因为这取决于以什么方式进行领导。人本管理最好的注解就是：用爱来经营。

在商业经营中，"P"和"L"一般是指盈（Profit）和亏（Loss），但是玫琳凯化妆品公司的总经理玛莉·凯却说，在我们这里"P"和"L"

指的是人（People）和爱（Love）。玫琳凯化妆品公司所坚持营造的企业文化主线是，对人的照顾和关心。因为重视人的因素体现在对员工无微不至的关怀，员工也能够为了公司的利益而竭尽全力。在创业100多年的历史中，公司没有发生过行业性的大争端，在营业额、盈利、生产、管理和改革方面，基本上没有受到来自企业内部的干扰，业务蒸蒸日上，竞争优势地位得以巩固，受到了人们的钦佩和羡慕。

真正懂得员工，才真正懂得做领导人，这样说也并不过分。"问渠那得清如许？为有源头活水来。"员工是体现企业行为的一池水，要使企业充满活力，这池水就必须激活，成为活水。这就要求企业的领导者能够把人的因素放在首位，重视用人之道。哈罗德·孔茨与海因茨·韦里克把构成领导者的要素概括为四种综合才能：有效地并以负责的态度运用权力的能力；对人类在不同时间和不同情景下的激励因素能够了解的能力；鼓舞人们的能力；以某种活动方式来形成一种有利的气氛，以此引起激励并使人们响应激励的能力。

任何一个组织或群体都是由许多不同个性和品格的个人所组成的，尤其是在互联网时代，个性很容易彰显出来，也有很多机会显现出作用与价值，因此对于领导者来说，具有更大的挑战性和更高的要求。

领导这个职能从定义上来说，是指影响人们为组织或群体的目标做出贡献的过程。具体而言，领导工作就是要让不同个性和品性的个人，能够在特定组织或群体中和谐相处，发挥出群体合作的影响力量，以实现组织或群体的目标。这样看来，领导实质上就是一种影响力，它是艺术性地影响人们心甘情愿地、满怀热情地为实现群体的目标而努力奋斗的过程。

许多著名的公司已经意识到这一要求，目前正在积极地探讨，3M就是个很好的例子。很久以来，都因为开发和销售有利产品的创新精神而受到广泛关注的3M公司，制订了一个新的行动方针，希望能够把它的人力资源管理体制建立在它的战略性发展计划上——可能这是一种最具雄心的创新精神，并确保它在将来有能力继续创新。这个计划的实质，就是生产部和人力资源部之间的传统关系可能会被一种新的共同合作与领导关系所替代。

谷歌公司最近的一些管理创新引发了大家的关注。在谷歌公司中，核心是让"创意精英"能够自在自如地发挥作用,因此谷歌公司"重新定义"了公司,也重新定义了团队,形成了一种全新的企业文化。企业文化的根本改变有可能在整个企业中改变管理者的思维方式,并使他们在制订人力资源决策时具备实行更高的自我领导能力的人力资源战略,这也是企业发展的一个重要机遇。

总的来说,有一点很清楚,战略性管理不需要也不应该局限在传统意义所关心的问题上,诸如利润、损耗等。更明确地说,成功的领导者依靠的是对突出强调企业文化体系的战略性创造,在这样的体系下,人才能真正发挥才能。创造出这样一个环境将会激发人们的力量。

⊙ 真正的控制,只能是来自员工个人

企业的控制到底以什么为依据?对公司的忠诚最终体现在哪里?作为管理者必须理解一件事情:控制如果不能激发员工的积极性,实质上就失去了意义。事实上,这已经不是一个强调控制的时代,我们更应该留意到,在企业界愈来愈被更多人接受的观念是"将员工变成事业合伙人"。

我记得很早的时候看过一个管理大师给管理者的忠告,他建议管理者将做简历作为他们的私人管理"控制"策略,以取代当前的目标管理模式,也许还可以取代传统的雇员评价过程。《管理的革命》一书中,作者汤姆·彼得斯设想,管理者应每3个月一次与雇员坐在一起查看最新的简历,并共同设想下一季度可以做到的简历中的计划。他甚至设想公开做这些事,如果每一季度来一次简历改进竞赛,你觉得怎么样?他认为如果这样,每个人会又一次成为赢家。

员工们如果能够被激励去寻找那些有助于提高他们职业生存能力的工具或任务,力争保住他们在企业中的位置,这时企业会得到更大的提升和进步。因此,员工的成功自然而然就是公司的胜利。书中介绍了电信公司MCI。MCI的工作模式是这样的,你来工作的时候,没有特别具体的工作指示,由你来提出一份工作,去发现究竟怎样可以实现增值。你的做法是通过创造计划找到内部"顾客",接下来,你就可以靠你自己往前发展了。《哈佛商业周刊》上一篇关于贝尔实验室的详尽报道中对这种"尽管去做"

的态度表示支持。

我们承认在没有任何指导的情况下，员工自主行动将会产生一种混乱状态，并且对形成共同的奋斗目标及努力去争取优秀的工作业绩产生障碍。然而，以控制为手段，极易导致官僚主义的管理作风，从而磨灭人们的革新精神与创造力。因此，真正的控制，只能是来自员工个人的，这种控制才能够达成管理的绩效。

约翰·斯卡利用"乐团指挥"这个词来描述他在苹果计算机公司创造一种企业文化的努力。在我们看来，约翰·斯卡利所赋予乐团指挥的特征与我们所讲的控制在于个人而非领导的观念相类似，他的观点是：

乐团指挥是激发创造性的重要比喻……乐团指挥必须巧妙地引发艺术家的创造灵感，有时他会给予指导，因为他知道创作是一个学习的过程——他必须保证舞台和布置有助于发挥。在苹果，我们领导着一个艺术家团体……

传统的观念认为管理和创造性是矛盾的。管理机制要求统一、集中、确定；相反，创造性则需要扩大其对立面，即直觉、不确定性。苹果的指挥家们致力于消除各种障碍，并保证资源能够随需所取，帮助建立完成工程所需的各种支持。这样的管理体系的打造，让员工可以充分发挥创造力，并取得令人瞩目的成就。的确，指挥者应允许艺术家们尽情发挥，而不必关心体制问题，我们更应让员工实现其梦寐以求的东西。

"云、物、大、智、移、虚"的时代到来了，工作安全感已经消失，事业的驱动力只能来自个人。这个观点请大家关注。

（2018-06-19）

计划制订与实施[1]

导读：计划管理是企业管理的基础，却是最容易被企业家忽视的。企业发展得好不好，计划管理是其中的一个关键。在整个分享过程中，她从计划管理的认识、制订和实施三个层面详细分析了企业容易犯的错误和应对之道。

⊙ 明年计划怎么做？三件事最容易犯错

《中国企业家》杂志社邀请我来参加这次领袖年会的时候，问我这次的私房课准备讲什么。我想这个时间点最好就是讲我们怎么去为下一年做计划。我一直认为大家对于管理最基本的东西准备得不够充分，我们在日常工作当中会有非常多的浪费或者干得十分辛苦。

你为什么会辛苦？很多人会发现你想做的事情下属没帮你去做。

你为什么很辛苦？你发现每一个小时的效率不够高。

你为什么那么辛苦？是因为你发现很多人做的事情并不真正产生效益。

这些错误不应该发生，我们怎么解决它？我们应该从好几个角度去做，今天我就选一个角度，这个角度叫作计划管理。

为什么计划管理如此重要？因为有三件事情，三件我们容易犯错误的事情。

第一件事情，关于企业绩效管理

有很多朋友甚至跟我说："陈老师，我们是全员绩效管理。"今天上完这个课之后，我希望你们不要再讲这句话。我们实际上是不能够做全员绩效管理的，绩效管理首先其实是为结果去做的。如果你只需要得到结果，那你就考虑用绩效管理。绩效管理某种程度上其实比较在意的是创新，是

---

[1] 本文为2017年12月9日作者在中国企业领袖年会的私享会上的演讲实录。

团队整体上的能力能否被直接检验。

在整个管理当中，你还要懂一个管理，叫计划管理，它比较在意的是过程。它能够控制成本，也是非直接检验的。如果一家企业所有的人都在做绩效管理，你就会遇到一种情况，那就是这个企业很短视，因为很多比较长期的、比较重要的东西是没有办法用绩效管理的，比如说培养人。你让整个企业有一个长期发展的基础，这也是不能用绩效检验的，还有一些我们称之为成本或者质量的投入也没有办法用绩效检验。一个好的管理一定是两个东西结合，一定是有一部分的管理是计划管理，另外一部分的管理是绩效管理。

第二个我要告诉大家的，就是为什么计划管理是整个管理的基础

管理有四个基本的职能，第一个叫作计划，这是最重要的一部分。计划为什么重要？原因就在于它要解决的是目标与资源之间的关系。我们计划管理做好了之后，接着下来是流程管理。流程管理是解决人与事的关系——你能不能让所有的事有人做，能不能让所有的人有事做。但我们很多公司的流程管理是拿来做审批用的，这是完全错误的。

流程管理之后是组织管理。组织管理就是告诉你权力跟责任如何分配，它们两个之间怎么去匹配，怎么保证每一个责任有权力，每一个权力有责任。

这三样管理我们称之为基础管理。一个企业能不能活得比较好，取决于它的基础管理好不好。我们讲基础管理的时候就是讲的三对关系：目标与人和事的关系、管理与计划的关系、计划与目标的关系。我们所有管理的起点都是目标，因为这个目标决定了我们做的事，这个事决定了我们的责任。而所有的人与权力、资源，这些管理所动用的东西就是去配合目标。如果这三样东西跟你的事、目标责任不相关的话，在管理上就是一个错误。管理出问题，在大部分情况下，就是有权力的人可以不负责任或者有权力的人拥有了资源，但是它跟目标不直接相关。所以我们说，计划管理是整个管理的基础，由它确定目标，由目标延伸出整个管理过程。

第三件事情，一家企业仅仅有基础管理还不够，我们习惯上还会讲另外两个管理，一个称之为战略管理，一个称之为文化管理

战略管理我们会谈企业的核心能力，文化管理我们就是谈可持续性，这两个管理我们把它叫成长管理。我们谈管理其实就是谈这五个部分：从计划管理开始，到流程、到组织、到战略、到文化。而其中，计划管理是基础。

这就是我正式跟各位讲计划管理之前要先提的三点。我担心大家学了太多新的东西，反而把最基本的东西忽略了。大部分企业在计划管理当中，专业性和质量不够，但是计划管理偏偏又是所有管理的基础，这就是我跟大家讨论这个话题的主要原因。

⊙ 和领导不讨论目标，该讨论的是资源

我们首先看看到底什么叫作计划。

计划有两个特别有意思的特性。第一个是：目标绝对不合理。因为目标是一种预测，没有人敢说预测是合理的，而且目标其实是一种决心，你发誓要做什么，目标就会出来。目标其实是你自己的一个战略安排，决定你的目标的三个要素是：你对未来的预测、你下的决心和你的战略想法。

目标是怎么出来的？我常常开玩笑说目标是拍脑袋拍出来的。就像刚才说的，你拍出来的这个目标肯定是不合理的，如果你的团队跟你说这个目标不合理，希望合理一点，那么你今天学完这堂课后就可以直接回答："目标本来就不合理。"

我们说到目标的时候，核心在下一阶段，就是实现目标的行动必须合理，这就是计划的第二个特性。如果你实现目标的行动是合理的，有时不合理的目标也是可以实现的。

我们谈计划管理的时候，必须要让团队清楚两件事情，就是目标跟行动。一些经理人跟我说："陈老师，领导给的这个目标我估计实现不了。"我会跟他说："你这样说领导就会换掉你，我教你一个办法，如果领导给你

的目标你觉得不能实现，你就去跟领导说，这个目标太好了，但是你能不能多给我几个人、多给我一点预算、多给我一点支持，我会拼全力帮你把目标实现。"要记住，和领导之间不讨论目标，该讨论的是资源，因为你并不知道领导的压力，你并不知道他的决心，你也不知道他对未来的判断，所以你跟他去讨论目标的基础实际上是没有的，他请你来就是让你去实现目标的。但是你可以跟他讨论你特别希望得到的支持是什么。

我之所以对计划这个概念讲得如此认真，是希望大家记住：我们培养经理人最重要的方法就是对目标的承诺。我们怎么能够让一个团队具有执行力？也是对目标的承诺。

"计划"这个词其实很简单，从本质上来讲，它其实是寻找资源、不断实现目标的过程。这个过程、目标并不关键，最关键的是实现目标的行动，所以我自己给计划下的定义就是这样一句话——计划就是为了实现目标而寻找资源的一系列行动。也就是说，当我们讨论计划的时候，就是讨论怎么能够为目标配上资源。

⊙ 做计划，关键是找策略的差距

在认识了计划之后，我们再来看看到底应该怎么制订计划。

这个动作我相信在座各位都是非常熟悉的，因为每年都要做这个事情。上完这堂课之后，你回去检讨一下，看看你做的计划和应该做的计划到底是不是匹配。

在做计划的时候，关键是找策略的差距，就是你将来的目标和你现在的目标之间有一个策略的差距。我们在谈整个计划管理的时候，大家常常喜欢分解目标，但计划管理的核心不在于目标的分解，而在于发现策略性差距的机会在哪里。

策略性的差距到底从哪里来？其实就是你要对未来有一个构想，因为当你对未来有个构想的时候，这个构想与现实之间的差距中，会有一些关键影响因素，如果我们解决了这些关键影响因素，就可以让构想变成现实。解决关键影响因素的策略，就被称之为"策略差距"。所以，实现构想的过程，就是不断缩小策略差距的过程，也就是设定计划的关键。

我今天给各位一个建议，你们在讨论 2018 年计划的时候，能不能够一起先坐下来，不管数字，仔细去想象一下 2018 年你所在领域会有什么好玩的事情发生？会有什么顾客最想要的事情发生？会有什么样的机会发生？会有什么样的变化发生？如果你能把这四样东西讨论出来，我相信你的策略性的差距点就会找到，因为策略性的差距点完全是你对未来的一个构想。

当然，这里有风险，假如你构想的情形跟实际情况不一样怎么办？任何公司的年度计划都应该有一个风险应对策略，这个风险应对策略就是让你面对这些变化，这是制订计划的第二步。

我们制订计划的第三步是什么？就是我们必须很清楚地做出行动的选择。我担心大家把计划做完了，把目标定了之后就不管了。我做总裁的时候，每年从 10 月份到 12 月份这段时间里，我的工作就是跟所有承担绩效的负责人讨论他明年的事情，一个一个单元去讨论，讨论行动的方向。

我用一个例子来说明这个行动方向为什么如此重要。我们想象一下，如果我们想把利润提高一个数，比如 8%，你会发现两种方法可以做，一种叫提高销售额，一种叫降低成本。你们会选哪个方向？

我来告诉大家，你最重要的是辨别方向——我们只有在哪一种情况下才可以选择提高销售额，而在另外一种情况下，如果想提高利润就必须降低成本。如果你是在行业比较领先的位置上，你就必须通过降低成本做。如果你是行业里很小的企业，你就必须通过提高销售额做，这就是行动方向。

我们必须清楚清楚地知道我们的行动方向能够指向我们的目标，这就是为什么我要求你们一定要跟你的团队去讨论。如果做不到这一点，你的团队就没有办法去操作，你必须在实现目标的行动选择和行为选择上与你的团队达成共识。只有不断达成共识，你公司每一年的销售目标才能得到实现。

⊙ 预算、目标、激励一起谈才叫计划管理

下面我们看看怎么保证这个计划是有效的。

大家千万不要认为计划管理仅仅是一个计划管理，在计划管理中，最重要的是怎么去培养管理人员。彼得·德鲁克说，管理就是一种承诺。承诺什么？承诺目标、承诺措施、承诺合作。也就是说，如果我们整个队伍能够把目标、措施、合作都承诺出来的时候，我们就已经在做管理了。很多企业家总是跟我说，我们公司的文化不行、我们的执行力不够、我们的效率不够、我们人的能力不够。我在这个地方要提醒各位，你刚才说的这些理由都可能不是真的，而是因为你整个公司没有从头到尾贯穿计划管理，如果从头到尾贯穿这件事，每一个经理人都是愿意承诺的，每一个经理人都是为了实现目标孜孜以求的，每一个经理人都是希望跟人合作的，我相信你说的执行力、效率、文化都会很好。

要做到从头到尾贯穿计划管理，就必须保证计划是有效的。要把计划管理做得有效，最核心的东西到底是什么？

第一，你的目标要有重要性排序

我们很多时候没有办法让整个公司变得所有力量朝一个方向去使，没有让更多人的工作跟目标相关，就是因为我们整个目标的重要性并没有被呈现出来。所以，你会发现很多人其实都在乱做。我曾经调研过200家公司，这200家公司都是中国比较好的公司，结果我发现有接近10%的员工，基本上上班就是来跟你对着干的，你定的任何制度他都有意见，你做的任何安排他都有不同的想法，你出的任何一个体系他都觉得应该可以改变，你设定的任何一个目标他都觉得不合理。另外有那么20%的员工他做出来的东西就是不合格，我们叫作"为次品而战"。还有25%左右的员工懵着做，真正产生绩效的员工大概只有20%。

有一件事情拜托各位记住，员工的绩效是由管理者决定的，不是由员工决定的。员工努力了半天，但如果管理者的指令是反的，他当然没有办法有绩效。他做这件事情需要两个资源才能做成，你偏偏不给他，你还告诉他说我决定试试你的创造力，他当然不会有绩效了。当他没有绩效的时候，你的整体工作就不会有绩效。我们对目标重要性排序是我们展开计划管理的第一点，这一点非常重要。

第二，如果你想把整个计划的工作做得非常有效，你要给预算

因为这个预算就决定了你的目标能不能实现，我看过非常多的公司说它的目标不能实现是市场的问题，或者是人的问题。但是我的回答都很简单，如果你预算根本就没给到的话，它一定就是实现不了。

第三，激励政策

这三样东西要同时给，你的计划管理才做得到。我最怕你们做一件事情，年底把计划、目标都做好了，激励方式不公布，第二年再给激励，其实你就牺牲掉一个季度了，我们出计划的时候这三样东西应该同时出，预算、目标、激励一起谈才叫计划管理。

所以，计划管理既不是财务部门的事情，也不是计划部门的事情，计划管理是核心团队的事情。你要把这三样东西全部确定下来，整个计划管理才可以推进，这就叫计划管理的有效性。

⊙ 计划为什么会失败

很多时候大家说计划失败是因为变化太快，我个人认为不是，这个跟变化没关系。计划会失败的原因有很多，第一个的确是因为环境，第二个是人们对计划的态度，这是培养经理人的关键。一个好的职业经理人对每一次承诺都一定会想办法兑现，这叫职业素养。

我们如果要拿绩效来证明自己，最核心的是什么？就是你得相信自己能做得到。我曾经在一家公司做顾问，在2008年的时候遇到金融危机，公司有40%的订单来自海外。在做2009年的年度计划的时候，我们决定还是要增长40%，整个公司为这件事情做了非常充分的讨论，制订了行动规划。我们还有一个仪式，这个仪式就是签订目标责任书。在签订目标责任书的时候，我跟老板坐第一排，有一个总裁签完字往下走，嘴里嘟囔了一句："这个目标不可能实现。"第二天全公司公告，这个人从事业部总裁一撸到底，他说我都签了，我说你签了也没用，因为你心里认为不可能实现。这就是计划管理的刚性，在计划管理当中是没有人性的，必须是刚性的。这种承诺，如果你一旦接受了，你就要想办法去解决，你可以跟我讨论你需要什么资源，但是你不能在心里说这绝对实现不了。

计划之所以失败，很大程度上源于你对计划的态度。你不能在心里认定它只能完成70%，你要这么认为，它真的就只能完成70%，与其那样，我就直接设定一个70%的目标就好了，还不用破坏企业文化。

第三个，计划为什么会失败？大部分人都习惯于用2017年看2018年，这个叫作心理的不变性。虽然在做2018年的计划，脑子里还是2017年的看法，所有计划的落脚点都是2017年。我为什么开场讲我们在制订年度计划的时候一定要预测未来的构想，找策略的差距，就是因为我们计划失败的很大的原因是你用2017年的心态做2018年的事，这是一定要调整的事情。

我做总裁的时候，每年到第四个季度基本上不讲这一年了，第四个季度我一直在讨论下一年。我们所有人的心理在2017年第四季度已经提前进入2018年。我非常反对年会在春节之前开，你等于输掉了一个季度。我也反对所有的事情都在春节之后做，你等于继续输了一个季度，我更反对所有的东西都是第二年的第二季度才正式进入下一年，你真的在时间上就已经输掉了。

最后一个原因，实现计划管理的核心实际上要授权，你不做授权是没有办法做计划的。大家把目标分下去的时候，记住所有目标的实现都是要资源和权力的，你应该授权下去。哪些东西能做，哪些东西不能做，我们要达成共识。如果在能做与不能做之间不能达成共识，就会失控。

你还需要记住，员工要参与计划的制订。计划是要分给员工的，整个计划当中员工一定要参与。另外，还要为每一个目标配上资源和人，这就是有效的保障体系。很多企业在计划管理中的主要问题，是设了很多目标，但目标上面没有资源，还有些目标上面是没有人的。既没有资源也没有人，目标怎么可能实现呢？你要有一个保障体系才可以做得到。

⊙ 高层、中层、基层一旦错位，公司就乱了

下面，我们开始进入要操作的部分。

计划的起点是目标，终点还是目标。我们以目标作为起点，用目标实现做检验，所以计划的起点、终点是同一个，就是目标。所有的工作安排都是由目标来确定的。

我们已经告诉你目标是拍脑袋拍出来的。很多老板都是随便拍目标，过两年回头发现都实现了，原因是他拍完了之后就得想办法找资源，找到资源目标就实现了。只要领导拍的你就都信，剩下的你要不断地鼓励他找资源，他的资源肯定比你多，你就别傻乎乎地说领导，你放心吧，目标给我肯定能实现。你要跟领导说这个目标很好，我们讨论一下怎么让它实现。

计划管理变得非常重要，原因是一个企业如果想要健康成长，它就一定要协调好三对矛盾：长期与短期、变化与稳定、效率与效益。大家记住，这些矛盾不是要把它解决掉，因为没办法彻底解决，你需要做的是让它们平衡和协调。

这三对矛盾实际上是可以通过计划管理和目标管理来平衡和协调的。我们给高层管理者设的目标是两样东西，叫作投资回报和市场占有率的增长。也就是说一个高层管理者他如果能把投资回报做到，能够保持市场占有率的增长，其实就解决了一个公司长期和变化的问题。这两件事情大家记住是交给高层，也就是说作为高层管理者，你本人是要对这家公司的长期和这个公司的变化负责的，这件事情是别人不能替代你的。

再来看中层，我们中层的管理者最重要的是两件事情，一件事情是这个公司的生产力水平，也就是效率，另外一件事情就是整个公司的人力资源。中层管理人员对整个公司的人力资源负责，因为只有他们跟所有的员工在对接，所有的员工能不能成长、有没有绩效其实是由中层管理者决定的。

我最近反反复复在讲一句话，一个人的绩效直接上司决定2%，这里的直接上司基本上是中层，如果你的中层没有能力去承担生产力和我们讲的人力资源的时候，这个公司就没有办法稳定和有效率。

再往下来是基层。基层干的活就比较多了，所以你们一定要对基层好，因为几乎所有的活都是基层做，基层做的所有的事情决定我们的短期目标、决定我们的效率。

一个企业要健康成长，三组管理人员必须承担各自的目标，谁都不可以替代谁，但我们在这个地方最容易犯错误。

我们的高层最喜欢关心基层的事情。你们想想你们开会在讨论什么？高层讨论得最多的就是销售额完成了没有、成本怎么控制、今天质量又出问题了之类的。基层谈什么？基层因为高层都谈了就不断地想公司战略出问题了，公司领导学习不够了，我们是不是让领导去培训一下？中层开始出现不满，觉得基层老是讨论那些虚无的事情，高层老是讲每一天的细节，中间这一层没话说。

如果没有好的计划管理，你会发现公司的管理是错位的。管理一错位，整个就乱了，这是我要提醒大家的第一个方面。

我要提醒大家的第二个方面，是希望你们对基层好一点。我希望基层相对稳定一点，能够得到安全感，得以被尊重，因为你所有的短期和效率都会来源于基层。但是国内的管理者喜欢犯的一个错误就是让基层活不好，你们所有的末位淘汰都是在基层做的，所有人事调整都是在基层做的。我可以告诉各位，最应该淘汰的人其实是最顶上的人，一定让顶上的人有末位淘汰。他们老问我陈老师什么叫总裁？总是被裁掉的那个人就是叫总裁。你知道他为什么总是可以被裁掉吗？因为裁掉他可以节约成本，不会有任何的影响。

大家要注意到这一点，就是总裁要完成的是长期和变化的东西，这就是为什么这个人是可以裁的，如果你裁基层的话，你发现你的短期和当时的效益就会受到影响。一个公司如果有短期的效益，就能比较从容地去讨论变化的问题。我们之所以没有办法讨论很多变化的问题，很大的原因是你的短期效益不够、盈利空间不够，你没办法从容地讨论转型的问题、未来的问题。

你会问，陈老师，基层不胜任怎么办？你一定要懂得一句话：没什么人是不胜任的，你让他胜任他就可以胜任。胜任只需要两个条件，授权和给资源。

总之，计划管理的核心是目标管理，而这个目标管理的重要性就在于我们把一个企业健康成长的六个目标分为三组，每一组人承担两个目标，这个企业就可以健康发展，这是我提醒你的第二个问题。

我要提醒大家的第三个问题，就是你们三组都只做一个目标，比如说利润和销售额。利润和销售额基层就可以做了，你上面那一堆人其实都在搭便车，我就不明白，给上边两组人的工资比下边高得多，高层不直接产生利润和销售额，他们应该寻求新的增长机会和找到更多资源。大部分的企业管理当中，搭便车的现象非常普遍。

目标到底应该怎么设？我还是要给你一些建议，虽然它是你拍出来的，但也不是随便拍的，还是有一些依据的：第一个就是你的战略，第二个就是你的决心，第三个就是你对未来的判断。另外，你拍出这个目标，还应该是可以去执行的，在这方面我只提醒两件事情。

第一件事情就是任何目标都必须可衡量。你的目标一定是可以检验的，不可检验的目标是没有任何意义的，就像我们很多人说我要当好人，这是不可检验的目标，如果我每天帮一个人这就可以检验。所以在整个目标设置当中，你怎么拍我都不反对，但是我有一个要求，这个目标要可以检验，因为不可检验就不可执行。

第二件事情，我们在任何目标设定当中都必须设时间。有一次我去参加一个讨论会，有人跟我说："陈老师，我们这个公司一定能够做到1000亿元"。所有人都说他不可能，只有我一个人说可能。大家很奇怪，我说："他没设时间，如果几代人去奋斗，肯定可以达到千亿"。任何目标一定要设时间，不设时间的目标是没有意义的。

我们怎么能够让这个目标实现？我们在谈目标的时候最重要不是这个目标，而是让这个目标能够实现。我们如果想把整个目标做好，要求目标是自上而下，也就是从总目标一个一个分解到最后，直到个人目标，另外保障实现目标的行动要自下而上。计划管理的体系是两个动作：第一是目标从上往下分，一直分到个人；第二是从下往上保障，保障行动目标是对的。

在整个计划管理体系当中，我给大家三个建议。第一个建议，目标一定是从上往下走，一定不要从下往上来。知道我们最易犯的错误是什么吗？你们现在要求各个部门报年度预算，报完集合起来然后往下一拍就行。目标决定不能从底下往上报，这样只有两种可能：第一种是报大目标，换更大的资源，但是没打算实现；第二种是目标报小，换激励政策。请大家记住，有关目标不做任何的授权，目标一定是上边来定，其他东西都可以授权，唯有目标设定是不授权的。

第二个建议，目标必须是个人的目标。目标一定要给到个人，目标绝对不可以给到部门。我们很多时候认为销售目标就是给销售部的，不对，销售目标是给销售部总经理的。我们给销售部的不是销售目标，我们还会给销售部其他的东西，但是这个目标是给销售总经理这个人，必须要给到个人。

第三个建议，每一个人承接的不是目标，而是一套解决方案。他必须去承诺这个解决方案，让这个目标实现。目标不是我给你的1个亿销售额，是你告诉我实现这1个亿的销售额的行动方案是什么。

关于目标管理系统，我简单重复一下，就三样东西：第一，目标是由上往下分的，目标绝不授权。第二，目标必须分解到个人，目标是个人的。第三，每一个人承接目标的时候必须提供的是一个解决方案——实现目标的行动方案。

我也希望你们回去反思一下，你们在做年度计划时是否按照这套体系，如果是按照这套体系就不担心，如果没这样做就回去修正一下。

⊙ 花大笔墨总结过去，就没有未来

接下来我们讲讲怎么实施计划。

在实施的过程当中，管理学有两个成熟的工具：一个是PDCA，一个是OGSM-T（O，目的；G，目标；S，策略；M，衡量；T，行动方案）。下面，我从实际操作的角度跟大家讲讲这两个工具怎么用。

我们想告诉各位的是，我非常希望你是能做计划的人，而不是能总结的人。在这么多年陪同企业成长的过程中，我发现我们的经理人会做总结，但是不太会做计划。你们每个月开月度分析会，会发现经理人一定会花70%～80%的时间讲上个月的事情，余下的时间讲下个月的安排。但实际上你应该花10%的时间讲上个月，90%的时间讲下个月，因为上个月已经过去了，没有意义，只有下个月对你才是有意义的。但是为什么你们愿意讲上个月呢，因为上个月的事情都出来了，你就想好好讲讲，也比较容易讲。但是，会写总结不会写计划的人只有过去，没有未来。

每到年底我要参加很多公司的年会，每次开会的时候我都很郁闷，你们总是花大量的笔墨来总结过去一年。不管总结经验还是总结教训，都没有意义，都过去了。对过去只应该有感恩，感恩所有付出过的人。至于结果，承受就好了。用一句文绉绉的话说："所有过去皆为序曲。"

你的重心应该放在下一年，如果下一年做得更好就会迎来一个更美好的明天。所以，在你的年度总结中应该花更多的时间讨论下一年，让所有人觉得下一年是有希望的，下一年是没有问题的，下一年是可以更加成功的。这是我在讲整个计划实施的时候的第一个要求，就是你要学会做计划，而不只是做总结。

下面我就把 PDCA 和 OGSM-T 这两个最重要的工具做一个分解，我先告诉你做计划必须做的四个动作是什么，看看你们这个动作做了没有。第一个动作，一定把现在和未来看清楚，一定要看未来，对未来有一个构想和预计。第二个动作，你一定要想，我从哪里走，我会遇到什么变化？一定要把这个想清楚，因为想得通才能做得通。第三个动作，算得清。所谓算得清，就是知道我要实现这个目标所需要的资源到底是什么。第四个动作，要把结果和过程统一起来，这叫控得住。

接下来我们再看看在实施计划管理时可能存在的问题。

有要求没承诺。我们经常提要求，但是不管承诺。

有承诺没要求。经理人拍着胸脯说，领导这个事情交给我吧，没问题。但是又没有具体的要求。

有目标没衡量。我们会设计非常多的目标但是不可衡量，像你说要当一个好人。我的学生告诉我要多读书，这是不可衡量的，不可衡量的目标是没意义的。

有衡量没量化。很多目标没有具体化的表述，口头化情况明显，说到哪里算哪里。

有计划没有主次。什么重要什么不重要不排序，重要的事情没有放到优先地位。

有时间没阶段。计划管理要拆成季度、月、周，看看每个月、季度、周的目标是不是都实现了。

有计划没措施。我发现你们讨论最多的就是环比、同比增长多少，这些都没有意义。我们所有计划的总结最主要的是总结措施，不是总结那些数字，数字在这个时候没有任何意义。

有总结没有分析。我们需要你做分析，就是要真正地知道所有数字背后的逻辑是什么。数字其实是个陷阱。如果你不知道它背后真实的原因，数字会误导大家。

有过去没未来。这就是我刚才说的，你们很喜欢把过去讲得太过丰厚，把未来讲得太过单薄。

有数据没有行动。衡量标准的数据写明白了，但具体措施、行动没有出现。

有差异没下文。计划没完成，却没有改正、调整、顺延等下文，就会说这里跟那里有差异，说完了拉倒。

有继续没有安排。计划并应该继续，但没有衔接的具体安排。

这是很多企业在日常管理当中常犯的错误。

最难的挑战是，计划没有变化快

最后一个问题，我想谈一下计划与变化的关系。今天最难的一个挑战就是计划没有变化快。以今天如此快的变化速度，你每个季度必须滚动检讨计划，因为数字变化太快。你年初定的东西一定要在每个季度回顾一次，如果遇到市场变化是真实的情形，你就要调整，不要一根筋做到底，中间有变化我们要认。

在这样一个高速变化的环境当中，我们一定要鼓励那些不断创造的人不要受那些限制，让一些产生高绩效的人突破这个限制，不要让只满足于原有计划的人活得好，要让那些不断突破计划做出更好成绩的人活得更好。

这是我的两点建议：一个是季度滚动，实事求是地去调整，不要怕调；二是鼓励那些超额完成计划，不断地突破计划的边线的员工，让他们觉得自己做的是对的，这样可以让整个计划应对变化。

具体怎么解决这个问题？第一点，在计划和变化的关系当中，首先你的计划要能够包含变化。所以请大家一定要记住，你做下一年度计划的时候，一定要设一个应变计划，因为现在的变数的确太多。而且，在包含变化的部分当中，有一部分一定是对未来或者对变化趋势去做预测的。举例来讲，很多朋友身处传统行业，我建议你的计划加一点点跟互联网有关的项目，因为这个肯定是符合趋势的，不管你在今年的计划是否实现，你至少在趋势上的投放、目标和资源做了准备。

第二点，我们的战略一定要柔性。在计划中执行是刚性的，但是在你整体的安排当中，一定要记住它的柔性部分。这个柔性部分是什么？就是要有一些变化的部分，要按照计划去做，要给资源、给人。当你将变化考虑进去的时候，在战略上就会有柔性。

第三点，有三个东西你要学会用：政策、程序和规定。政策就是我们为实现整个目标设定的各种东西，包括预算、激励等；程序就是获取这些政策的流程和过程；规定就是获取这些政策的基本条件。

当你发现计划没有变化快的时候，第一个先调规定，这个时候往往我们可以解决一些问题。当你调完了规定发现还没有解决，那你就调程序，把程序打破，让大家可以离开流程、程序去获取资源。如果这两个你都做到了，还是没有办法让计划比变化更快，你说我要不要调政策？这就是我的最后一句话，大家记住——政策不能调。因为如果政策调了之后，整个计划管理基础就得调了，全年度的管理系统都得调。这个时候我们其实可以调整滚动计划，就是调整目标。

最后，我们还是回到定义上：计划是为实现目标、寻找资源的一系列的行动。

在某种意义上，计划管理其实是一套行动方案。我们反复强调，计划管理不是目标分解而是行动方案。在做整个计划的时候，希望你能够很好地找到行动方案。2018年，相信你一定会取得想要的总体成效，希望各位能够在新的一年取得更好的成效。

（2017-12-20）

降低企业内部成本的五种方法

导读：为什么要关注内部成本？因为超过行业平均增长活下来的企业，主要靠内部的成本能力。如何降低内部成本？本文提供五种可行的方法。

成本是衡量企业管理水平的关键元素，控制成本的能力也是实现企业经营绩效的基础。但是，企业不应追求最低成本，成本只能是合理。

为什么不能有最低成本？有三个原因。

成本决定品质。对品质产生直接影响的是成本，我不认为有很低成本的高品质。

成本决定吸引力。如果企业愿意投放成本就会发现有更多更好的人会来。

成本体现企业的决心。投入成本的力度多大，就看企业的决心。

什么才是合理成本？有三个标准。

能让大家感知到企业的投入。

能作比较的成本基本合理。

能以质量做基准的成本也合理。

如何让成本合理又有竞争力？做到这一点就需要企业从以下几个方面入手。

⊙ 产品与服务持续符合顾客的期望

从顾客的需求出发

很多企业不清楚顾客的需求和期望，一味相信自己对于产品的理解。

我曾经到一家冰箱生产企业参观，这家企业的设计人员很自豪地告诉我，在他们设计的冰箱里，连螺丝钉都有12种，在他看来这是很有价值的事情。从顾客的角度看，这些螺丝钉不会因为种类繁多而创造价值。这样设计出来的产品，和顾客期望没有连接在一起，12种螺丝钉所带来的成本就是一种浪费。

我多年前用一个观点来表达自己的想法：拥有和顾客一样的思维方式——无论是产品设计、技术创新、销售推动还是服务，都要从顾客的需求出发，而不是从企业产品本身出发，要和丰田一样选择精益制造，为"节省顾客的每一分钱"做出努力。

管理顾客期望

顾客期望是一个管理过程，是一个沟通过程，也是一个达成共识的过程。很多时候中国企业在犯同一个错误，就是把顾客的期望拉得太高，没有管理顾客期望。有竞争力的合理成本就是不断管理顾客期望。

原来家电业做得最多的是终身维护，这绝对是错的。因为所有家电企业在服务承诺上的投入成本远大过产品研发，二三十年过后竞争力不够，最后导致整个家电行业走到现在，变得非常被动。

⊙ 杜绝一切浪费

相对于优秀的企业而言，中国企业在生产力发挥、产能转换、管理成本、渠道效率、资金有效性等很多方面存在着浪费，人们一方面认为未来人力成本提升的压力、原材料提升的压力，以及环境保护需要支付成本的压力很大，另一方面又沿着原有的管理习惯工作。

如果愿意在工作习惯上做出改变，这些成本都可以消化掉，只要企业持续地改善生产力，坚决杜绝一切浪费，这些价值就会被释放出来。

在我持续观察中国企业的过程中，感受到企业有太多可以改进的地方，能够提升效率的空间很大。公司里浪费最多的除了沟通成本、时间成本、信任成本之外，还有以下六种常见的浪费。

决策成本

领导很怕自己错，决策太慢，该决策的时候不决策，这是非常大的浪费。

流程成本

本来两个人交流之后半个小时就可以马上解决的问题，却选择了借用流程来解决，一个流程走下来要经过至少三个人，同时还要三四天的时间。

当我问这些管理者为什么不马上解决，他们说这是流程的需要，我把这个称为流程成本。其实这样的成本非常多，但是大家习以为常，并认为这是正确的做法，因此导致企业中流程众多、错综复杂。

会议成本

很多高层管理者为了证明自己忙就要开会，会议会让所有人停下正在做的事。频繁地开会是巨大的浪费。

机会成本

我们称之为机会的那些部分其实也是浪费。很多人说我命不好，为什么做餐饮，没做互联网？互联网人又说互联网替代性太高了，为什么不去卖一碗面？所以，应该选定了就去执行，不再去做其他的判断。

沉没成本

这个习惯类似女生的衣柜，只要条件许可，女生会去买很多的新衣服。但是一个奇怪的现象是，买了新衣服的女生，在大多数的情况下还是喜欢穿经常穿的那几件衣服，买来的新衣服都挂在衣柜里，并且还是觉得没有合适的衣服穿，之后再不断买新的衣服放进衣柜里。这些挂在衣柜里的衣服就是"沉没成本"。企业里"沉没成本"也很大。

制度成本

流程会影响到所有人，所以要精简流程。

⊙ 廉价劳动力无法带来低成本

2017年之前，中国"世界工厂"的模式长期以来将中国企业国际化竞争力建基于廉价的劳动力成本之上，这是不得不接受的一个事实。但是，我们不能因为这样的事实，就认为低廉的人力成本就是获得成本优势的来源，关键是要找到企业真正的成本优势来源。

高效能员工可以让成本更有效率，但高效能员工要求你给他高价值，至少要有高薪、高岗、高奖励、高机会。那高效能员工最大的特点是什么？怎么发现他是高效能员工？

高效能员工的第一个特点：自己激励自己

他不太需要公司激励，如果一个员工一开始就和你谈薪酬，这就是非高效能员工。

高效能员工的第二个特点：自己解决困难

他自己解决困难，遇到这样的员工一定不要放走他，他会帮你节约成本。在员工上面所花费的所有成本都叫有意义的价值牺牲。

⊙ 简化、简化、再简化

我不是一个反对体系建设的人，但是对于过度地关注体系建设而不关注解决问题的方法，让管理复杂化的安排我是持反对意见的。

以我对中国企业观察的结果看，这些企业并不是缺少管理反而是管理太多；不是体系建设不足，而是系统能力不足；不是员工执行力不行，而是管理指令太多无法执行。

这些问题的存在都是源于一个根本的原因：企业的管理太复杂——组织层级复杂、薪酬体系复杂、考核复杂、分工复杂，甚至连企业文化都很复杂。在这样一个复杂的、权责不清晰的管理状态下，如何能够提高效率来面对变化呢？

很多时候我们没有发挥管理的效能，是因为管理者把管理做得太复杂。事实上并不需要这样复杂，只需要围绕着顾客需要的价值来进行运营和管理，就如彼得·德鲁克所言，管理就是两件事，降低成本、提高效率。管理并不需要像很多管理者那样做得轰轰烈烈。

简化还来自促进企业间的合作与信息交流。面对这样巨大的压力和挑战，一个企业是无法独自承受的，这需要企业能够与其他企业达成合作和沟通交流，能够把握变化的信息，能够借助于价值网的力量来获得成长的机会。

因为企业间的合作和信息交流可以获得最重要的能力：快速的市场反应。成功的快速反应是指企业通过与利益共同体的合作，准确把握来自顾客的所需价值，以低成本高速度满足市场和顾客的需求。

沃尔玛所形成的竞争力来源于被其命名的"高效消费者回应"，沃尔玛要求自己做到对于消费者的高效回应，为此展开了一系列的企业合作和信息交流。

沃尔玛关注每一天顾客消费的需求，把这些信息分享到所有的供应商中是其取得成功的"快速反应"的首要因素。沃尔玛把顾客选择作为尤其重要的事情对待：精心界定每一天的顾客购买信息，更重要的是把这些信息提供给供应链战略的客户。

沃尔玛随时和供应商一起来满足顾客的需求，通过销售信息与供应商的直接联系，使得所有的供应商与沃尔玛一起高效地为顾客服务，从而获得持续的、强有力的竞争地位。

⊙ 把最佳人才摆到最靠近行动的前线

盛田昭夫曾经说过这样的话："优秀企业的成功，既不是什么理论，也不是什么计划，更不是政府的政策，而是'人'。'人'是一切经营的最根本出发点。"

依赖于员工，依赖于优秀的人才，企业才可以从根本上解决所面对的所有挑战。关于这一点，很多企业管理者还需要很好地理解并落实到实践中。

在这样认识的基础上，把优秀的人放在一线，放到最靠近行动的地方去。我之所以强调这一点，是因为在很多企业的管理中，优秀的人往往被提拔起来，放在二线，放在离顾客最远的地方。当管理者做出这样的安排的时候，我相信企业离增长和盈利也越来越远了。

对于很多管理者而言，他们关心盈利和规模的增长，关心竞争对手所做的调整和变化，但是没有人愿意花比较多的时间来思考：员工的创造力如何被发挥出来？如何提供员工成长的平台？如何保证优秀的人在一线最靠近顾客的地方？

如果不能够注重利用和开发员工的创造力和潜力，公司最有效的创造性资产就被浪费掉了。而接触顾客最多、创造价值最直接的正是一线的员工，企业只要把一线员工的创造力和潜力与所有的顾客连接在一起，就会具有明显竞争优势。企业需要明白只有优秀的人在一线，企业才能够获得最直接的、最快速的优势。

企业必须真正了解一线员工到底掌握了什么技能，因为这些员工直接面对顾客，他们的能力和水平就决定了企业服务的品质。这些员工也直接决定着公司的投入产出是否最大化，更加直接决定着公司的成本的有效性和最直接的竞争力。

因为，在我的认知里，一线员工决定着公司的成本、品质和销售量。所以我一方面坚持需要把优秀的人放在一线，一方面认为一线员工不能够轻易被调整。一些企业把末位淘汰放在一线员工的身上，是一个认知的错误，末位淘汰应该在管理人员中，在二线实行。

也正是这个原因，我才要求管理者一定要关注到一线队伍的建设，关注到一线员工能力和水平的建设，必须把最优秀的人放到一线去。管理者必须了解员工到底掌握了什么技能，这些技能是否被合理使用，同时，还必须保证最有能力和水平的员工留在一线，让员工的积极性和创造性充分发挥出来，以获得顾客称赞的服务品质，从而获得与顾客在一起的机会。这样让优秀的人都在创造价值，企业的成本肯定就会低。

（2020-01-06）

营销的基本逻辑就是做好三件事

导语：营销，我们从不陌生，它是企业经营的关键一环。我们也无时无刻不被营销所包围。那么，什么是营销？下面我们来谈谈关于营销的认知。

⊙ 营销以市场和顾客为载体

有效经营中的营销有两个独特的功能。

一是营销是我们真正理解市场的一个主要手段。大部分情况下，如果企业没做一个明确的营销动作，对市场的理解一定是比较肤浅的。

二是当我们动用营销这个概念时，就能清楚地知道我们在顾客中占据一个什么位置。

也正是因为营销具有这两个独特的功能，我们讲的就不是销售。营销和销售最大的区别是，在销售中以产品为载体，在做营销时以市场和顾客为载体。一个有营销能力的企业和一个有销售能力的企业最大的区别就是真正创造价值的能力不一样。

比如卖一本书，一本书写出来是完成产品，销售就是把这本书卖出去，但如果这是一个营销，载体就不是这本书，而是市场和顾客。

举个例子，我曾为我从教 30 周年写过一本书，叫《大学的意义》。最需要看这本书的其实是大学老师和大学生，还有将要考上大学的高中生。如果按照产品的方式，定好了价格、销售渠道、基本的传播就可以销售出去了，但如果做营销，就应该按照市场和顾客的方式来做。

怎么做？首先要看今天大学遇到了什么问题，今天大学遇到的最大问题是大学老师的使命感、责任感和自豪感都不强了，甚至一些大学老师自身都觉得无法感受教学与研究的乐趣，可以想见这样怎么可能培养出最优秀的人来。身为大学老师是变成了一个很困难的事情，还是从中感受到了一种美好？这本书回答了这个问题。

然后再来看，什么才是一个好的大学生？除了完成学业之外，拥有思辨能力，懂得爱，能够和别人沟通，拥有积极正向的人生观和价值观，这才是一个好的大学生。

这本书可能会帮助大学生重新珍惜大学的四年，没读大学的人如果看到大学是这样的，也肯定很向往。最终会得到一个结论，读大学最重要的不是让我们去选择未来的职业，而是我们可以胜任任何的职业和事业。这样这本书就会变成一个完全不同的东西。

假设我们把市场和顾客价值作为载体做沟通和设计，这本书还没开始卖，大家就开始期待它，这就是营销。

⊙ 营销的核心在于交换价值

为什么我们常常更在意销售而忽略了营销？因为有一些根本性的问题我们没有注意到。我们在做营销时，要知道营销的核心是交换价值，它是创造交易来满足个人或组织目的的过程。

比如我去一家企业，陪同他们做出了很大的调整。如果继续发展原有的业务，可以很快做到世界第一，但我没让它在它最擅长的行业领域内花最大的精力继续发展。因为在回归到市场和顾客价值上来讲这个没有什么意义，我们就转换了对价值的判断，而营销恰恰是能做价值判断最重要的经营环节，它本身是交换价值。

所以在做营销时，一定要创造一种可能，就是让人们非常容易看到企业在满足他的需求，这时企业在营销上就占有了主动权。每个行业的价值点都不太一样，但企业在做营销时必须创造一种可能，让企业的顾客觉得企业在帮他满足欲望，这是营销最重要的一个部分。

比较可惜的地方在于，很多企业大部分时候都在做销售，而没在做营销。很多非常好的资源在价值上没能得到认同，反而被浪费了。

⊙ 营销的基本逻辑就是做三件事

营销到底干什么？我差不多花了二十年时间，不断看各式各样的企业、各行各业的人，最后我发现营销其实真正要做的只有三件事。

做合适的事情：理解消费者

有时候我比较担心企业自认为自己代表消费者。举我自己的例子，有一次参加一个微波炉产品团队的设计讨论。

我和他们说："这个微波炉的面板太难看了，上面写着蒸鱼、解冻、煮粥、煮饭分别多少分钟，能不能像手机一样，让它正面只有一个按键，这样特别漂亮。"

设计师们告诉我："你就是把自己当成消费者了，需要用微波炉的人很多都不知道蒸鱼多少分钟，不知道解冻多少分钟。你肯定是不怎么用微波炉的人，因为你经常自己做菜，所以就搞得清楚是几分钟。"

他们这次教育给了我很大帮助，我突然意识到我们常常认为自己是消费者，其实我们不是。

我们在谈营销时一定要理解消费者，从理解消费者的角度来讲，最重要的一件事就是不要去教育他。

不要告知消费者，而是要理解消费者。不要教育消费者，而是企业要向消费者学习。当一个企业讲一定要去教育谁，一定要如何做出改变，这绝对不是在做营销。

如果要理解消费者就必须回到市场，因为市场是一个载体：承载着消费者的期望，而不是行业的规则。

所有没有和我们发生关联的人将要和我们发生关联，这就是在做营销。在这件事上，一定要有非常清醒的认识，怎么和自己还没发生关联的人去发生关联，营销就是做这件事。

我们的错误在于：把竞争对手的变化误解为市场变化；把营销创新误解为市场的变化。

在市场中一定不要关注对手，也不要太多关注营销的创新。在现实工作中，我们的同事一定会关心对手。我自己在很多企业做交流和工作时，问他消费者要什么，他不太清楚，但是问他主要对手在做什么，他一定很清楚。

我曾经开玩笑，很多公司的市场部应该叫同行或对手分析部，根本不是市场部，对手或者同行做什么其实不影响企业的价值交换。一直以来，我陪同企业在做市场和增长规划时从来都不慌忙，因为根本不用管对手在做什么，我们只需要设计与市场和消费者要交换什么，这才是关键的。在实现顾客价值的哪一点上企业能够有所作为，那么这一点就是企业营销的生存空间。

理论上，做营销是非常简单的，其实就是四个基本面。产品：理解产品要回到产品本身而不是价格；渠道：企业与渠道的结合能力至关重要；消费者：对自己的顾客有深刻而独到的理解；广告：广告的效用必须是有效的覆盖。

这有点类似于4P，但不完全是。因为在4P里，消费者这个概念比较强调顾客，这里在整体分析它时更强调消费者，因为营销是和未发生关联的人做价值沟通。当企业已经拥有顾客时，核心是做服务，要把这个概念区分好。如果已经有顾客就一定要做服务，让顾客和你有深度的连接，他就不会离开你。所以营销与服务分别承担了不同的功能。

今天，对消费者的理解中，有三个观点要记住。

要注意个体消费者和群体消费者之间的平衡。因为消费者个性化的能力越来越强。

数据只能判断趋势，不能代表选择。现在很多人在做营销和消费者理解时都拿数据说话，我不反对这些，只能告诉大家数据代表趋势，但不能代表选择。

要通过与消费者沟通去不断验证你的判断。

当你能做这些时，在消费者层面就可以得到深刻的理解。

营销的产品和渠道这两个面，我会在日后的文章中单独和大家讨论。营销基本面的最后一个面是广告。有人问我今天做广告是不是可以减少或者调整，在这里也有两个变化要注意。

以前的广告是告知，今天广告要形成共识。这是今天或以前广告最大的区别，以前告知就好了，比如在央视做广告，我们就会知道这个企业很厉害，因为我们通过告知就可以下判断。

今天在广告上需要运用新媒介，不能只用传统媒介。

营销本身是行动而非概念

我为什么特别强调行动？因为很多企业在营销上更愿意提理念或概念，

却不能落实。举个例子，很多企业都要做出世界上最好的产品，本来这对企业是很有帮助的事，但要做出世界上最好的产品，这只是理念，还看不到行动。所以在营销上就必须改变理念表达的方式，必须是一个行动表达的方式。

如果是行动表达的方式，应该怎么做？

以星巴克为例，它是真正了解消费者并通过满足消费者个体的价值瞬间需求在竞争中得以生存的最佳典范。

在繁忙的生活里给你一个属于自己的第三空间，这是它提出的理念。它不只提了这个理念，它还通过营销的方式让大家感受到第三空间是怎么来的。

它没有把咖啡馆开在星级酒店里，而是开在机场、商务中心和飞机上（与航空公司合作，成为唯一指定咖啡供应商）。为什么会开在这些地方？因为这些地方我们都没有自己的空间，比如：在机场候机，最郁闷的就是没有自己的地方；到商场去，最郁闷的也是没有自己的地方。所以当星巴克告诉我们要给我们第三空间时，它就用了一杯咖啡做载体。

正是因为它做了这个营销策划，就让我们在没有自己空间的地方突然感到原来有一个自己的空间，一个拥有自己熟悉的咖啡味道，人与人之间可以轻松交往，可以不受任何干扰专心写作、看书的地方。做到这些之后，星巴克就成了全球成长最快的公司之一。

我们在做营销时一定不要只提一个概念，一定要让顾客真正触摸到，这取决于你是否知道消费者到底想要什么。

西门子一度生产了世界上最耐用的电话。它不断研发，投入非常多的研发费用，它能生产出一部待机时间长、质量非常高的手机。对于产品质量的重视导致13个小时才能生产一部移动电话，但消费者等不起。消费者觉得我在待机时长上差不多就可以了，最重要的是快速拿到、漂亮、轻便，能代表时尚，所以手机不是一个工业产品，而应该是一个时尚产品。

当手机从工业产品变成时尚产品时，消费者的理解就完全变了。这种改变使西门子意识到成功已经需要新的因素：潮流和成本。到了2000年，它已经能做到每7秒钟生产一部移动电话，但它还是特别坚持质量和待机概念。可这些东西都没法在产品中转换出来，如果要转换出来，这个手机一定会比较笨重，最后因为对消费者的理解不够西门子手机被淘汰。

我举这两个例子实际上是想说，在营销中一定要非常注意行动和理解消费者，因为我们的行动和消费者之间是直接相关的。所以我们要注意以下三点。

第一，我们有些时候过度理解了消费者。如果过度给消费者东西，会影响到服务，成本也会变得非常高。

第二，一定要有自己的一种表现方式，让消费者知道你理解了他。

第三，要真正知道消费者最基本的需求或者本质的需求是什么。就像手机这个产品，西门子没有理解消费者本质的需求到底是什么，因而失败。

营销是从产品和市场两个角度诠释对于消费者的理解

一是从市场中了解消费者，二是从产品角度让消费者知道你了解他，这两个维度一定要同时去做。

举个例子，有一次我让一个企业做调研，把一个产品所有的功能做了一份目录，给消费者去打钩。最后发现能用到的功能只有5%，另外95%消费者是没有感觉的。这其实是成本的巨大浪费。为什么企业100%的呈现而消费者只需要其中的5%？

有两个可能的原因：企业根本没和消费者沟通，所以别人不知道那95%；企业想当然认为这95%是消费者要的。

在这件事上，我们可以向巴黎的香水企业学习，顾客要的只是巴黎的香水的5%，就是香水本身，但它会给顾客另外的95%，这是应用上完全没用的东西，却是在情感上有用的东西，那就是情感功能。所有的美好都是通过这95%给我们的。

我请教做香水的厂家，最重要的是做空气还是做水？我被告知最重要的是做空气，不是做水。水是应用功能，空气是情感功能。如果不能把空气的部分做出来就没法把水的功能做出来，因为每一次水的消耗都是消费者美好的感觉，这就是你的产品能不能让消费者理解你。

以上就是营销的基本逻辑。营销就是做三件事情：第一，理解消费者；第二，去行动；第三，能够从产品与市场两个维度和消费者沟通。我们要想理解消费者，必须回归到营销的四个基本面。

（2018-06-28）

看清服务的本质

导读：中国企业这么多年的发展过程中比较倾向于做产品、渠道和销售，但今天在市场上我们遇到了两个最大的变化：消费者改变和顾客不足。这两个特征决定了企业在经营中一定要明白，现在最重要的是服务。

⊙ 市场的两个变化让企业必须重视服务

中国企业这么多年的发展过程中比较倾向于做产品、渠道和销售，不是特别擅长做服务和品牌。但是当我们走到今天遇到两个市场最大的变化：消费者改变，消费者从购买行为到生活方式都变了；顾客不足，顾客是不够的，任何行业的产品都供大于求。

这两个特征决定了企业在经营中一定要懂得，现在最重要的两个部分：一个是服务，一个是品牌。

⊙ 什么是服务

先来看我们是不是真的了解服务。我们在服务上会有非常大的差异，原因在于大部分人把服务和产品合在一起。很多时候，人们就会认为提供产品时，服务就应该是免费的。但有些最基本的东西需要纠正，服务非常特殊的地方在于它提供了一种无形的满足感，而且它与产品销售没有关联，这是要特别理解的地方。

我曾经写过一篇文章《免费服务会赶跑你的顾客，毁掉你的产品》，强调免费服务的伤害。这么多年中国企业在做服务时，最可惜的一点是大家没有认真去理解服务是什么。

服务是一种特殊的无形活动，是一个独立创造价值的部分，而且服务所能创造的价值是非常奇特的，因为服务可以提供一种满足感。正因为服务能提供独特的价值和满足感，它其实和产品销售没有直接关联。服务和产品是两条并行的线，都是我们与顾客交换价值中非常重要的东西。做服务时一定要考虑一件事，服务不是对产品的补充，而是给顾客创造更多的价值。

服务和产品一定要平行，因为产品只解决功能性问题，产品一定要简洁，只有简洁功能才清晰。但任何一个顾客需求的满足都有情感部分，这是人性，情感的部分要用服务来实现。两者一定是非常平行的：服务做服务的，产品做产品的。

产品的价值必须由产品自己来解决，服务的价值必须由服务自己来解决，它们各自解决各自的价值。很多人做服务行业，也要把产品做好。只不过服务行业的主要价值来自服务，做产品的公司主要价值来自产品。服务行业的满意度来自服务，但如果把产品做好，就增加了一个附加值叫情感。

反过来，如果是产品公司，满意度主要来源于产品，但附加价值来自服务。我们在与顾客沟通时一直在做价值交换，与任何一个顾客的价值交换中都有两个方面的内容：一个是主观的，一个是客观的；一个是功能性的，一个是情感性的。永远都有两个方面，只满足任何一个方面都不可能获得顾客的价值认同。

今天，在以体验经济为主的环境下，不管做什么行业，服务永远是必须做的事。在讨论服务时，服务与顾客价值之间的关联就是提供完整的解决方案。如果只有产品，一定要放上服务才可以说是提供了完整的解决方案。

服务如果不能增值，就没有任何意义。用更商业的方式说，如果服务不能收费，不能定价，就等于没有做服务。费用可以收、可以不收，但是必须定价，我们把它称为增值，如果没有定价，不能做增值，企业的服务就没有意义。

⊙ 服务的两个特质：行动和承诺

为什么服务可以做到这些？源于服务的两个特质：服务是行动而非态

度；服务是承诺而非形象。

举例来说，如果我们承诺终身维护，这是一个很高的承诺。如果一个产品给的解决方案是终身免费服务，意味着两种可能。

它的质量绝对可靠。产品的质量绝对可靠就可以说这句话，这是一个非常完整的解决方案，顾客对这个产品的价值是很清楚的。

它终身免费服务，但它的产品质量又不是那么可靠，这个产品的价值在顾客心中是模糊的，这种模糊对企业品牌的伤害非常大。

当很多中国家电厂商都说要终身免费服务时，我们就下了一个结论：这些家电产品的质量不好。日本人没说终身免费服务，反而会被认为产品质量是可靠的。免费服务这件事是在表明一些东西，一方面可能表明质量是非常可靠的，一方面就表明可能质量完全不好，一定要非常小心这件事。服务变得这么重要，就是因为它是一种承诺。

有两件事需要提醒：第一，不要轻易承诺服务，承诺了就要兑现；第二，不要过度服务，能做多少事情就做多少事情。

为什么要特别强调这两点？前面已经反复提到，服务会影响满意度和满足感，如果过度服务或轻易承诺后不能兑现，就会让整个解决方案的价值打折扣，会给企业带来很大伤害。

⦿ 服务的真谛：员工给顾客创造意外惊喜

服务为什么会和满足感相关？为什么它又可以独立创造价值？服务真正要做的事是什么？服务不是拿来弥补不足的，而是用来给顾客创造意外惊喜的，如果不是创造意外惊喜，就不能称之为服务。

服务如果要创造意外惊喜，一定是一线员工做出来的。给顾客意外惊喜没法设计出来，这必须是企业的员工创造性的工作。

举个例子，海底捞早期的时候，大家为什么特别喜欢它的服务？就是因为我们想不到的一些事情它都做了，比如在等候时有瓜子、有跳棋、有涂指甲的服务，这是想不到的，这的确是设计出来的。后来即使依然有这些，大家还是不希望等待，但大家仍旧很喜欢它的服务，因为在现场它的员工服务给你很多惊喜。海底捞真正的服务不是在它设计的那些环节里，是在于每一个员工给消费人群的感受，这是非常独特的。

有一次，我被它的员工提醒菜点多了。我们人很少，但想试试不同的东西，他说每一个都可以点半份，这是他第一次给我意外惊喜的地方，这是个很奇特的感受。

但我点的半份还是很多，他就说："我觉得你点的还是多了，如果你特别想品尝这些东西，我帮你直接打包好，你可以回家品尝。"他又给我一个解决方案。

他接着又说："你回家品尝这些东西影响口感，要不我给你这次免单，你下次再来吃。"他连着给了三个解决方案，我就变成他的忠实顾客了。很长一段时间只要有人来看我，我就请他吃海底捞。后来一个朋友开玩笑说，你除了会吃海底捞还会吃什么？我说就是觉得要回馈那个店员，他连续给我三个解决方案，这些方案是别人没有办法教他的，他确实给我了一个很好的创意。一定不要花很多脑筋去设计那些服务方案，应该多花精力去理解员工，让员工理解顾客，这就是服务的真谛。

只有员工有创意，有这种对顾客的理解，有美好的情感，这些事情才能做得出来。

很多人认为服务要用很多东西去设计，总是希望用设计出来的服务给顾客意外的惊喜。但服务是没法设计的，不要一味地将资源用在所谓服务设计身上。

服务最重要的是行动，这个行动应由员工来做。多关注和启发员工，让他们理解顾客，理解服务的真谛。如果你真的要让服务给大家带来意外的惊喜，就一定要把一线员工激活。

（2018-07-30）

高效会议五原则

导读：一般而言，规模越大的公司，会议越多。职位越高的人，在开会中度过的时间越多，有的甚至开会开到没时间工作。开会的方法决定公司两件重要的事情——效率和品质。

开会的方法对于团队共同工作的影响是非常大的。本文给大家简单介绍一下，怎么把会开好，通过开好会形成团队共同的工作方法。开会是一个很普通的技能，但是很多人不太会。高效会议一般有五个原则。

⊙ 明确主题，解决问题

无论开任何会议，核心是什么？是解决问题。你如果想把会议开好，在方法论上来讲，会议必须拿来解决问题，会议不是拿来讨论问题的，这一点一定要明确。

因此，会议必须要有一个很明确的主题，而且所有围绕这个主题的资料是要提前准备的，没有准备的会议就不要开，这是一个非常明确的要求。没有准备好问题，没有准备好为解决这个问题所需的支撑材料，会议不要开。因为如果这个方法论不做好，整个公司的效率都会低下。会议的工作方法决定公司两件事情：一个是效率，一个是品质。工作效率和工作品质就由会议方法论决定，一定不要小看这个会议的方法论。所以，我们提出的第一个要求，就是会议一定是解决问题的，必须沿着主题来准备所有的材料。

⊙ 明确主持人

第二个要求，要有一个明确的主持人。不要认为这是一件小事。开会由谁来做主持人呢？一般来说是解决问题的负责人，由他来做主持人，他才会想尽办法让这个会议有结果。如果换成其他人，他就按流程把会议主持完，但是他绝对不关心会议的结果拿不拿得到，他只是满足于把会议开完就行了。

很多公司喜欢让董事长来主持会议，我建议除了战略会之外，董事长都不要主持，因为只有战略这个会是董事长的责任，其他的会都是别人的责任，应该让别人去做。比如说产品会、经营会，其实都不需要董事长主持，就应该是相关负责人去主持。

⦿ 明确时间

第三个重要的要求是什么？是时间。所有的时间要约定下来，这里面包括四个时间。

第一，开始和结束时间。大家记住，会议一定要约定开始和结束的时间。

第二，发言的时间要确定下来。

第三，与会者决议达成共识的时间。

第四，行动方案确认的时间。我最怕大家开会就是只做出一个决定，这样远远不够，一定要把行动方案也确定下来，就是做什么不做什么，都要确定下来，因为我们现在讲的是工作会议。

还有一个特别要请大家注意的地方，一个有效的会议建议不要超过30分钟，最长也就40分钟。很多公司最喜欢开的都是几个小时的会，甚至一开就一天，只有什么时候开那么长的会议呢？一个是战略会议，战略会议一般会封闭两三天；一个就是半年度会议或者是年度会议。除此之外，日常会议都不要超过40分钟。

知道为什么要这么短吗？两个原因：一是来开会的人基本上都在重要岗位，开得越长，公司的成本越高；二是长的会议不解决问题，解决问题的会议跟时间长度没关系，跟什么有关系呢？跟前期准备有关系——前期准备得越充分，会议效率就会越高。会议的成效不在于开多长时间，关键在于前期的准备，所以日常会议一定要短。

⊙ 谈行动方案，而非问题

第四个要求，大家一定要记住，开会的核心在于谈行动方案，因为要解决具体问题。不是谈观点，也不是谈问题，就是要谈行动方案。

⊙ 会议要得出结论

第五个要求就是会议开完了，一定要下结论。日常会议开完大家都清楚要做什么，然后就去做了。

（2018-08-08）

第二部分

认知自我管理

成功只属于不断行动的人

导读：成功的人就是不断做事的人，他真的去做，直到完成为止；平庸的人就是不做事的人，他会找借口拖延，直到最后证明这件事情"不应该做"为止。

如果我告诉你，人人都可以成功，但确实有人没有成功，那么原因是什么？其中一个关键原因就是缺少行动，行动是决定成功的因素。在与年轻人朝夕相处的过程中、在长期教学的过程中，确实有一种非常非常痛的感触，就是很多学生不太喜欢行动，而比较喜欢设想和梦想，甚至幻想。我以前开过玩笑说，现在的年轻人大多在白天做梦，然后晚上睡不着觉。但是，成功的关键决定要素是你的行动，也就是说，不行动，你一定不会成功。

有愿望、希望成功的人是非常多的，可是最终的结果是成功的人并不多，所以除了拥有成功的意愿之外，接下来就是能够为实现成功的意愿去身体力行，只有通过真实的行动，最终才会取得成功。

有一年年初，我和一个朋友聊天，他告诉我他终于想通了中国企业在管理上存在的根本性问题是什么，我们长聊了两天，我被他几年来思考所得出的结论所振奋，很认同他的一些结论和研究的思路。当听说他准备把这些想法写出来结集成书的时候，我很为他高兴，也兴奋地期待着，可是两年过去了，我还是没有等到他的书出版。与他相同看法的新书在今年推出后，我打电话去问他，他告诉我他还在思考，甚至很得意自己能够在两年前判断出两年后的市场状态，可是我知道在他得意的语气背后是无奈的神情，因为本来这是他的成功，可是没有人知道（除了我），我问他原因，他说他总是没有时间去写。

在对管理实践做研究的时候，我对一件事情感到不可思议。我发现在企业内部不断得到提升的人并不是最聪明的，也不是最有能力的，而是最不计较付出行动的人。我曾经观察过两个新入职的年轻人：小章是名牌大学的优秀毕业生，专业对口，学习成绩优异，同时还具有很好的管理才干；小李毕业于一所普通的高校，在任何一方面看起来都比小章要逊色一些。所以，在入职训练之后，明显是小章得到重用，而小李却不怎么被看重。过了半年，我发现小李总是第一个到达公司，总是抢着做事情，每一次交代他的事情，他总是答应并很快去做，甚至很多大家不愿意做的事情，他也毫无怨言地去做。虽然小章还是表现出比小李强的能力，但是大家开始关注小李而忽略小章，再过一段时间小李开始被提升。

我自然相信能力非常重要，但是行动更为重要。对于拥有知识的年轻人，在这一点上我更是担心。我常常听到很多人告诉我，他们有这样那样的想法，但是苦于没有机会实现，也有很多人不断强调，不是他不愿意做，而是没有条件做。我想起以前看到的一个故事。

很多人想应聘一家著名杂志社编辑的职位，大部分应聘者都想办法证明自己的学识和专业训练，但是有一个人，跑到杂志社申请实习，不要任何补贴，不提任何条件。因为这个人什么活都干，而且干得很好，所以半年后杂志社主动问他是否愿意到杂志社工作，这个人得到了自己想要的职位。

其实，所有机会都是在行动中获得的。我在一次飞行中看播放的录像，一个段落是介绍飞人乔丹的纪录片，很多细节我不记得了，但是我深深地记得一个内容：在中学选拔篮球队员的时候，因为乔丹不够高，所以被编排在二队，教练要在一队训练完之后，才能给二队训练，乔丹提出去为一队服务，所以每天乔丹都比每个二队队员多出两个小时的训练时间，我们知道多年之后乔丹成了"飞人"。

到企业去做调研时，常常听到企业的主管抱怨缺少人才。我是在大学从事教学工作的，也非常清楚地知道，大学每一年有大量的毕业生找不到工作，有一次我去招聘会上调研，一个早上竟然有7万人来找工作，看着人头涌动的广场，内心非常震惊。一方面企业找不到合适的人，一方面大量的人找不到工作，原因是什么？我为此咨询过很多人力资源经理人，他们告诉我："资历很好的人很多，但都缺乏一个非常重要的因素，就是行动的能力。"下面是一个在网络上流行的故事。

A 在合资公司做白领，觉得自己满腔抱负没有得到上级的赏识，经常想，如果有一天能见到老总，有机会展示一下自己的才干就好了！

A 的同事 B，也有同样的想法，他更进一步，去打听老总上下班的时间，算好他大概会在何时进电梯，他也在这个时候去坐电梯，希望能遇到老总，有机会可以打个招呼。

他们的同事 C 更进一步。他详细了解了老总的奋斗历程，弄清老总毕业的学校、人际风格、关心的问题，精心设计了几句简单却有分量的开场白，在算好的时间去乘坐电梯，跟老总打过几次招呼后，终于有一天跟老总长谈了一次，不久就争取到更好的职位。成功者创造机会，机会只给准备好的人，只给不断付出行动的人。

每份工作，不论是在什么样的行业、什么职业、什么职位，都需要脚踏实地的人。企业在选择人的时候，都会先考虑以下这些问题，之后才会决定是否录用，这些问题是："他愿不愿意做？""他会不会坚持到底，把事情做完？""他能不能独当一面，自己设法解决困难？""他是不是光会说不会做的人？"所以，行动才是最根本的能力。

如果你细心观察成功人士和平庸之辈的区别，你会发现，他们分别属于两种类型：成功的人主动去做事情；平庸的人却常常是被动去做事情，如果不借助外力的推动，他们甚至想不到要做事情，每一天得过且过。人们很容易发现：成功的人就是不断做事的人，他真的去做，直到完成为止；平庸的人就是不做事的人，他会找借口拖延，直到最后他证明这件事情"不应该做"为止。

所以，成功的原理就是不断地行动。

（2017-05-19）

效率低是因为不会管理时间

导读：认识你的时间，是每个人只要肯做就能做到的，这是一个人走向成功的有效的自由之路。——彼得·德鲁克

⊙ 重要的事情先做

　　时间管理的技巧很多，几乎成功的人都有自己的一套管理方法，我可能不能够全部找到，但是可以整理出一些共同的技巧。第一个管理时间的技巧，就是重要的事情要先做，而且要集中时间做。

　　在我接触过的学生中，我发现不少人有一个坏习惯：一件事情，不压到最后那一刻，他就是不做。如果事情总是压到最后一刻才做，就会做得很匆忙，无法保证质量，也无法发挥出你真正的功力来。为什么会养成这样不好的习惯呢？我没有深入地研究，但是我相信是因为没有掌握重要的事情先做的技巧。如果你掌握了重要的事情先做，那么你就会发现利用充足的时间来进行筹划，最终一定会得到最好的效果。

　　同学们第二个不好的习惯是不在约定的时间内完成任务，总是寻找借口推托。虽然这并不是时间管理的问题，但是这样的思维方式会影响到时间产生的价值。拥有这个不好的习惯的人，在决定是否能够如期完成一件事情的时候，并不以事情的约定时间为标准，而是以别人是否在约定时间完成作为标准，如果别人在约定的时间都没做，他也可以不做。这是一个非常糟糕的坏习惯，因为这样不仅无法做成事情，更可怕的是长此以往，你会成为无法拥有自己的准则的人，也就无法承担任何责任了，一个无法承担责任的人也就无法成功。

　　真心希望每个同学在接受任务后，不要关心别人如何做，只要关心自己安排时间来规划就好了，不要等，也不要观察，更加不要压到最后的时间，一定要从容地完成任务。这种习惯一旦养成，你就会发现时间很充裕，

做事能够从容，更令人高兴的是你因此可以保证做事的品质。请记住，最重要的事情集中时间，排在最前面做。

⊙ 一次只做一件事

有同学曾经问我：成功的人好像可以做很多事情，而且都做得很好。其实不是他们有过人的精力或者更聪明，只是他们都掌握了时间管理的又一个技巧，即一个时间区间里只做一件事情。没有人可以在一个时间段里做好几件事情，只要把时间做一个分配，你就可以做很多事情了，为每一件事情配上时间是一个非常重要的技巧。但是同学们忽略了这个道理，他们总是把所有的事情塞在一整天里面，总是对自己说："今天我要做四件事情，太可怕了。"可是如果你会分时间段，就会发现其实你总是在做一件事情，根本就不可怕。

我曾经观察过一个经理人，他在一天的工作时间里要处理好几件事情，但是他做得很好，上午他把自己的时间分为四段，其中两段是开会，一段是和下属沟通，他预留了一段时间给自己；下午的时间他同样做了区分，分为三段，这样他其实在一天里都处在有条不紊地工作中。但是我观察到另外一些经理人，却没有掌握到这一点，他们在一天的时间里非常繁忙，经常手里抓着两部电话机在大声讲话，常常发现自己要做的事情没有时间去做，总是发现时间属于别人，总是在快要下班的时候匆匆忙忙地处理本来应该一早来上班就要处理的事情。

所以在时间管理上，一定要记住一个时间区隔里只做一件事，把每一天的时间分段，在一个时间段内，只做一件事情。不要同时做很多事情，因为做得效果不好，而且也可能无法达成目标。重大的事情就用大段的时间，细小的事情就用小段的时间，事情无论大小，都为它分配时间，这样你就会发现每一件事情都能够随心所欲地处理了。

对于你认为极其重要的事情，你更要辟出专门的时间来处理。其实很多人在能力和基本条件上并没有太大的区别，但是一部分人成功而另外一部分人不成功，就是因为不成功的这部分人不能够为重大的事情开辟出专门的时间，不能够集中精力为这件事情全神贯注。如果不肯花专门的时间去做重大的事情，就不会得到重大的价值。所以，一定要在一个时间段内去做一件事情，当你确定在这个时间做什么事情的时候，你就马上去做，结果就会很好。

⊙ 提高单位时间效率

美国麻省理工学院对3000名经理人做了调查研究，发现凡是优秀的经理人都能做到精于安排时间，使时间的浪费减少到最低限度。根据有关专家的研究和许多领导者的实践经验，驾驭时间、提高效率的方法可以概括为下列五个方面。

集中时间

切忌平均分配时间。要把自己有限的时间集中在处理重要的事情上，切忌不可每样工作都抓，要有勇气并机智地拒绝不必要的事。一件事情来了，首先问：这件事情值不值得做？绝不可遇到事情就做，更不能因为反正做了事，没有偷懒，就心安理得。

平衡两类时间

任何人都存在着两类时间：一类是属于自己控制的时间，称作"自由时间"；另一类是属于对他人他事的反应时间，不由自己支配，称作"应对时间"。两类时间都是客观存在的，都是必要的。没有"自由时间"，完全处于被动、应付状态，不能自己支配时间，不是一个有效的经理人。但是，要完全控制自己的时间，客观上也是不可能的，只有平衡这两类时间，才会达成目标。

利用零散时间

时间往往很难集中，而零散的时间却到处都是，珍惜和利用零散的时间是创造时间效率的一个重要方面，用零散的时间做零散的事情，就会大大提高做事的效率。

利用闲暇时间

常常听到有人说："等我有空再做"。这句话通常表示目前没有时间做事情，表明没有空余的时间。凡是在事业上有所成就的人，都有一个成功的诀窍：变"闲暇"为"不闲"，他们会很好地利用"闲暇时间"，也就是不偷清闲，不贪安逸，他们的成功与其说是拥有过人的能力，不如说是不甘悠闲、不求闲情的生活准则在起作用。

不浪费时间

在很多时候我们是自己的"奴隶"，常常让自己陷入事物中去，事实上并不是每一件事情都必须做，如果我们花时间去做不值得做的事情，就会浪费时间。有些人认为，不管怎样总算是做了一些事情，总比什么都没有做好。事实上，这样比什么都不做还要糟糕，因为不值得做的事会让你误以为自己完成了某些事情，从而更加陷入没有价值的追求中。一些人会说："我们不应该让它消失，我们已经做了这么久了。"许多事情或者活动根本就不该存在，它们仍能持续存在的原因只是大家已经习惯，有了认同感，如果让它们消失的话，会有罪恶感，可是正是这样的缘由，我们浪费了很多时间。

⦿ 合并同类项

合并同类项，也就是说，可以合在一起做的事情，你就尽可能地合在一起。比如去买东西，不要为一件东西去买一次，最好一次去把要买的东西买完。今天很多同学成了电话的"奴隶"，电话其实是工具而已，一定不要让电话打断你的时间，所以你应该合并电话时间，让一天中有一段时间就是专门接电话的。我曾经在自己的名片上标明开机时间，这个令很多人惊讶过的举动给了我极大的帮助，我因此可以专心地在规定的时间里教学和研究，能够集中处理电话中的问题，不会时时被打断。你可以在很多时候合并同类项，合并接收邮件的时间、合并相关的事物，等等，关键是你要这样去做。

⊙ 养成好的习惯

时间管理的关键是要养成好的习惯，这些习惯可以简单概括为以下几个方面。

不要有拖沓的习惯。

不要乱放东西而四处寻找。

不要藏东西。

物尽其所，物归原处。

尽早开始。

不要考验自己的记性。

不要沉湎于过去。

不要让别人浪费你的时间。

懂得说"不"。

找出隐藏的时间。

（2017-08-18）

让知识为自我赋能 [1]

导读： 在知识的时代谈"知识"，就像我们很想搞懂"什么是一个人"，就像大学教授要跟大家讲"什么是大学"？这是很有挑战的话题，所以我选择了从"激活自我"这个话题切入讨论。

这是一个剧变的时代，怎样才能使自己更有能力与时代同步呢？那么你需要知道时代最重要的核心价值在哪里。

往前推，最早的核心价值是劳动力，接下来是技能，再往下是拥有的经验储备。推到今天，无论你的劳动力、技能和经验都不太能让你面对现在的变化。那么最重要的价值点在哪里？今天我们选择用"知识"作为能力的载体。

如果要为自己赋能，知识是最需要掌握的。激活自我，让知识为自我赋能。

对于生活在信息时代的人来讲，最大的挑战是怎么去甄别知识。我们很多时候得到或关注的不是知识本身，也许是一个消息、信息、符号或没有任何意义却干扰你的东西，这些是知识吗？

你能够去甄别的知识，它所产生的价值是什么？对于知识时代，你如何准备？我号称是知识工作者，大学毕业后就开始当老师，每年备课的时候，就算是同一门课，对它的理解和价值的确认都有所不同。我的一个学生说他听了我 13 年的组织行为学课程，我吓了一跳，我说你每年都听，能听出什么？他说老师不一样了，我也不一样。所以，对于同一门课程，每个人对知识的理解相差非常大。

他触动了我对于知识和时代互动的挑战，也触动他在不同环境下对自我认知的挑战，这也许是我们每个人要做的事情。

---

[1] 本文系作者 2017 年 8 月 30 日在知乎 LIVE "激活自我，让知识为自我赋能" 主题直播的文字实录，由笔记侠协助整理。

我们面对的现实和我们理解的知识有什么关系？今天每个人都是知识工作者，你所有的一切几乎都要打上知识的烙印，无论是学习、工作：看电影要理解剧情，就要理解里面展现的所有变化；朋友之间交流，如果没有知识的传递，貌似也没有共鸣的东西。人们对知识的渴望比以往任何时代都要剧烈，爆发的程度比以往任何时代都要充沛，你发现自己好像有些应接不暇。

我认为有五个原因，让我们既渴望知识又应接不暇。

第一，一切都是不确定性的，这种不确定是技术和知识带来的。

第二，迭代速度非常快。我有时候也有点焦虑，每年快到年底时会请我的本科学生做一件事情，把他们这一年认为最新的词列出来（50个）。从2013年开始做，我当时可以认识一半的词，到了2016年，我只能认识其中的3个，才发现我其实离年轻人创新的词非常远。这种迭代、新增的知识给了很多人挑战，我是其中一个。

第三，是认知盈余。太多东西很难选择，我被问得最多的问题不是关于"学不到、不知道"，很大程度是"不能下决定"。"不能下决定"不是因为不拥有知识、知识不充分，而是信息太充分，以前信息不对称可以让我们做很多选择，现在信息对称后反而让我们很难做选择。这一切导致我们对很多问题和事项出现一种没有办法做决定的状况。

第四，我们的时间更加稀缺了。我们比较习惯说"碎片化"，一方面意味着时间增多，时间的区分与分割更多；一方面意味着时间减少，有价值输出的集中时间更难控制。

第五，对知识验证的要求越来越高。从前当老师是笃定的，学生都会认为老师教的知识都对，但是今天说的时候，你不能那么笃定，因为你拥有的充分信息都还没有学生多，这个时候会发现你要验证你说的知识，难度比过去高。

这一系列的挑战让我们面对知识经济有两个态度，有人总结为"深深的焦虑和黯然的孤独"。

这个文绉绉的表述挺形象的。有非常多的选择、可能性，却不知道哪个选择、可能性和我们相关，我们希望有真实的对话和定力。当你拥有的时候，你需要很强的自我独处和判断的能力，当你拥有这个能力的时候，你发现那是一种真正的孤独。我们变成一大批很深沉、拥有知识而又孤独的人。

这种情形导致了一个问题：你能不能真正理解知识？你可以识别、判断，进行价值互换，选择和自己目标及方向一致的东西，其前提是要真正理解知识。我们要面向未来，靠什么面向未来？

唯有知识，方可面向未来。

⊙ 我们是否真的认识"知识"

我先做的是自问，以研究、写作作为我的生活主干。我最喜欢别人对我的称呼是"读书人"。我也读了很多书，写了很多书，但书是否就是"知识"？

很多朋友骄傲地说，自己经历和体验了很多东西，对很多事情可以去评价和评断，那么经验是否就是知识呢？

还有人说："我过往可以用很多事情证明我是成功的，这些所有的证明会内化为我个人的一种能力，这个能力是我不断迈向成功的基础。"这个能力是知识吗？

有关知识的讨论，我们到底要关心什么话题？你会发现这是一个人类久远的问题，可以追溯到古希腊的苏格拉底，他一开始就问这个问题：知识到底是什么？

人类一直在问这个问题，而且希望获得答案，关于这个问题，就是关于人和世界、人和自我的关系。它会涉及四个最重要的内容：人能否认知？人如何认知？人的认知所能达到的程度和范围是什么？真理的标准是什么？

当我们回溯这个部分，讨论知识概念的时候，当人类有智慧、有思考的时候，就在思考人与世界、人与自我、人与一切外在事物的关系。

我们从最早问知识的人——苏格拉底开始回溯，知识是什么？他问泰阿泰德，泰阿泰德说："某人知道某事，以觉察的角度来说，知识就是感觉。"这是有记录以来最早给知识下的定义。我们一提到知识，就会提到苏格拉底之问，这是关于知识的很有意思的一个视角。

那么这种感觉是什么？我做了很长时间关于知识文献的梳理，希望能够把"感觉"表达出来。因为"感觉"是描述态的东西，我们能感受到却很难说出来。

非常多的人回答了"知识是什么"这个问题，我梳理下脉络。

第一种回答：知识是一种思想状态。知识本身就是信念，你相信的东西，这是由你来定的，所以知识是你得到的信念。

第二种回答：把知识变成一种对象，无论知识是不是有知觉，它可以拿来衡量和认知，知识就是衡量和认知的标尺，这也完全取决于你。

第三种回答：把知识当作认知和行动的过程。日本著名学者野中郁次郎一直在研究知识管理，他提出了这个观点，还提出另外一个视角：知识是获取信息的条件。最出名的表述方式是区分隐性知识和显性知识，这就把知识获取的条件讲清楚了。

第四种回答：知识会影响未来行为，也就是知识改变命运。通过知识来对人对事进行调整，彼得·德鲁克从这个角度下的定义是：知识是能够改变人或某种事物的信息。

第五种回答：不会有知识，没有任何知识，知识是你想象出来的，这是不真实的。

这些梳理给了我很大的帮助。我们每个人在认识和讨论"知识"，也许我们并没有那么清晰地想到对知识有各种角度的阐述，比如思想状态、行为的选择、获取信息的条件、选择未来行为的能力，这都是我们要去理解的部分。这也让我对知识有一个很奇怪的感觉，也就是知识是一个很大的框，什么都可以放进去，你能理解的、不能理解的、想理解的、已经被验证的都可以放进去，它可能是我见过的最宽的定义。

从苏格拉底到现在，给知识下定义一直没有形成共识，这类似于我之前研究的"文化"，概念宽泛却无法达成共识，有人说是生活方式、思维方式、习俗、默认的规则、潜规则等，有无数个角度的定义。

我把知识和文化放在一起，是想说明：它们是不断演化和验证的过程，你自身对知识的提升会帮助对外界的理解更加宽广，这是知识能够支撑你的厚度、改变你命运最重要的部分。

我个人从学术的角度出发认为，这是一个集合定义，由三样东西构成：

直觉、智慧、形式化的知识（常识、规律等），集合起来就是人类知识的全集。

我将学者们下的定义以概况的方式阐述给你，我发现：

第一，知识是广泛而抽象的概念，所有东西可以放进去，但只跟你相关。知识在某个程度上是完全个性化的，它只属于你，它宽泛到什么程度，和你相关。

第二，知识是增强实体行为有效合理的信念。

这两个定义不是我下的，但我倾向于用这两个定义。

因为我这样理解知识及对知识的定义，所以我们要问：你真的拥有知识吗？

很多人读非常多的书、上非常多的学，但是有效知识并没有被释放出来。我们会看到一些人没有你想象中读的书多，但是他的有效价值的释放超过你的想象，我可能会认为后者拥有知识的能力更强或者他已经拥有了知识，而前者没有真正拥有知识。

⊙ 你真的拥有知识吗

在现实当中，我们看到四种值得关注的情形。

第一种情形，我们常常听到有人说"我喜欢这个、不喜欢这个"。这是分别心，不是你有辨识力。有辨识力的人，不会简单说喜欢和不喜欢，因为当你真正辨识价值之后，你会克服自己，如果没有这种辨识力的时候，你就会有分别心，你可能太多去做分别，却没有足够的辨别。

第二种情形，"这个事情我做不到"。很多学生问我为什么每天晚上可以写 3000 字，这是很难的事情。我和他说："你先从每天晚上写 3 个字、30 个字开始，慢慢你就会写 300 个字、3000 个字。"这不是能不能写，而是对于自我设限和认知这个事情没有很认真理解，没有理解这个事情真正的原因是什么。

第三种情形，世界变化太快了，我常问自己是否变得不够快。熟悉我的人都知道，在微博时代我没有参与太多，后来发现我如果不动，就会被淘汰。所以在微信时代我就开始行动了，如果要上知识付费，我就赶紧上，主要的原因不在于我能不能上、世界变化快与慢，而是我变与不变、快与慢。

第四种情形，大部分人认为我们很难应对信息聚变、事物不断迭代的时代。其实是你的惯性导致你无法应对。除非上课，我也不是特别喜欢用视频方式和大家交流，但我都做了。有人问我什么是职业化？就是和自己的惯性、习惯不懈地斗争。这样，你就能成为一个非常职业化的人。

你可能有更多别的角度和冲突谈拥有知识的困难，以上四点是我面对的困难，为什么会成为困难？我认为和一个核心问题相关：你是否拥有知识？

如果你拥有知识，你就有辨别力，不再有分别心，知道自我的界限都可以打破、任何变化都是机会，更重要的是知道所有的经验拿掉之后你会看到一个更美好的世界，这是我找到的解决方案。

如果要解决这个问题，我们真的需要知道，我们拥有的是不是知识。数据、信息、知识，这三个概念要分清楚。在大数据时代、信息时代，我们更容易混淆这三个概念。我访问过很多企业，很多人说我们有大数据了，我们要做数字化转型，要成为数据公司。我觉得这些道理都是对的，但我都会问，你们要把数据拿来干嘛？他们几乎都回答不出来。

数据

我们容易混淆，是因为我们不清楚知识的边界。数据的定义是未加工的信息和知识，数据是可以从不同角度来用的。我曾经到山东一个县级市，当地领导告诉我这是全中国县级市 GDP 水平最高的，我问他，人口总量是多少？他就不说话了，它应该是全国县级市人口数量最大的。换句话说，人均 GDP 在全国县级市是排得没那么靠前的，因此 GDP 总量最大是没有意义的。

第二天我去了另外一个城市，当地领导告诉我他们在二类城市人均 GDP 是最高的，我问他人口总数是多少？他说 40 万人，我说那 GDP 总量一定不高。如果数据不加工，数据对我们做任何决策是没有帮助的。如果拿这个数据做决策，就会把自己害了，我们要上升到一个新的层次——信息。

信息

我去一家企业，他们说自己是行业第一。我问他排在第一的位置有多久了？他说12年，我接着说，那你增长吗？他说最近5年没有增长，我说那你这个定义有什么用呢？为什么要从数据过渡到信息？没有处理过的数据，是没有办法做价值判断的。处理过的信息，是否可以做价值判断了？还不行。还要再走一步。这一步就是知识。

知识

知识是处理过的信息之后再做鉴别产生的。我了解一个城市GDP之后，还要接着了解它的产业结构，然后做一个经济整体的价值判断，就有这个城市的知识了，就可以帮助这个城市做出选择。

想要拥有知识，需要找到真实的来源，然后再做处理并去鉴别它。只有经历了这个过程，才可以讨论和拥有知识。

对于这个时代的人来说，最大的挑战就是有效区分信息和知识。这个挑战的解决和调整，需要退回到知识的定义中提到的"知识是属于你个体的"，记住这一点，你就能区分信息和知识。你一定要拥有个人化的信息，然后是对信息有梳理和加工的过程（你需要方法论，自行判断）。

很多时候，当我和你交流，你总是去转述别人的东西作为自己的理解，那么你还没有掌握知识。你没有内化成个人的信息，那么就不具备掌握知识的前提条件。

一个人想拥有真正的知识，是一件不容易的事情。通过技术、互联网可以掌握非常多数据，以及比数据少一点的信息，但是如果你没有内化成个人的信息并进行加工，我会觉得你是一个知识特别匮乏的人。在知识时代，我们反而知识匮乏，太可怕了。

我想给大家一个概念：知识流动链。怎么把数据加工成信息，然后加上自己的识别和判断，变成行动，获得反馈，最后形成智慧。

人类最高的要求就是希望拥有智慧，智慧形成的过程是一个链条，真正拥有智慧的人会充分拥有更大量的数据，变成认知，落实到行动中。这样智慧会变得特别丰厚，这就是流动链条。

你在客观世界得到的数据，只要你愿意，可以努力处理成信息，通过你的处理进入你的大脑，然后成为你个人化的部分，属于你自己的，你再通过形式化的组合，最后用来指导你的行为。这样，你就成了有智慧的个体。

很多人问我到底什么叫智慧？让我们用学术性的说文解字的表达方式："智"，上面是"知"，下面是"日"，也就是每天要知道多一点；"慧"的上面是"雪"，下面是"心"，就是让自己冷静学习，双倍吸收，而且这些吸收一定要进入内心，成为你自己的，这个时候你就有"慧"了。你必须不断向外界寻求数据和信息，但是必须内化为你自己的价值与判断。

我们来看个小小的案例：普吉岛的海啸灾难中，有一个10岁的小孩竟然救出当时海滩上的100人。他之所以能判断，是因为他是拥有知识的人类个体。他可以根据数据和现象，经过加工，很快做出知识的判断，因为他拥有关于海啸的知识，他救了很多人。这个行为是人类智慧的标志行为。这可以作为对"拥有知识"的完整理解。

我想给大家介绍一个人和一本书：怀特海的《教育的目的》。教育到底拿来做什么？他有一个观点对我影响至深，也就是智力发展的三阶段论，一个人智力发展一定要经历三个阶段：浪漫阶段、精确阶段和综合应用阶段。

智力发展的浪漫阶段：在小的时候，一定要在浪漫阶段当中，直观地去获取对世界的认识，不需要加以分析，只要想象就行。

智力发展的精确阶段：长大之后，一定要精确，所有接纳的信息要能够处理它，这个时候侧重的是对信息的分析和正确的阐述。

智力发展的综合应用阶段：当你学到这些，你还没有完成你的智力发展，要能够综合应用前两个阶段，然后再回到第一个阶段是事物的浪漫认知阶段。

也就是：首先，看山不是山，看水不是水；接下来，看山是山，看水是水；最后，又是看山不是山，看水不是水。

我的问题，也是我的难题：我觉得大家缺失的能力是在综合应用能力上，我们浪漫阶段会了，大学毕业后精确阶段也会了，但是偏偏不会综合应用，也就是我们的智力根本没有开发，这是我比较担心和烦忧的地方。

真正拥有知识，是你把所有东西理解消化，然后你去应用它，经实践验证，经过综合应用后，才有价值。如果你掌握的所有数据和信息是不能用的，而且不能通过实践验证价值，你并没有拥有知识。

我们发现很多人在讨论王阳明，讨论"知行合一"，我这里就转述王阳明的一句话："真知即所以为行，不行不足谓之知。"如果不能付诸行动，你就不能证明你知道。宋元之际儒学家金履祥所著《论语集注考证》中说："圣贤先觉之人，知而能之，知行合一，后觉所以效之。"知行合一，才能真的检验你所拥有的知识。

以上是对于个体而言。我一直在组织领域践行管理，所以不得不说组织如何拥有知识的话题。

⊙ 组织如何拥有知识

我们非常在意一个组织面对未来的能力。我最近写了《激活个体》《激活组织》两本书，就是想说明组织除了要完成绩效，还要拥有驾驭未来不确定性的能力，这个能力当中很重要的一点是组织要拥有知识。

那么组织拥有知识了吗？彼得·德鲁克对于这个领域的一个观点给了我巨大的启发，他说无论在西方还是在东方，之前知识一直被视为"道"，好像离我们很远，只有少数人获得，后来几乎一夜之间知识变成"器"，和我们非常相近，成了一种解决方案、工具和方法，成了资源和使用的利器。这是一种很大的改变，这种改变我们要认真对待。

彼得·德鲁克认真回顾知识产生的过程使得整个人类进入工业革命之后发生的巨大变化，他对前三个阶段进行分析。

第一个阶段，知识应用于生产工具、生产流程和产品创新，从而产生了工业革命。

第二个阶段，知识及被赋予的含义开始被应用于工作中，从而引发了生产力革命。

第三个阶段，知识被用于知识本身，从而产生了管理革命。

我加了一个阶段：知识在今天正在迅速成为首要的生产要素，使资本和劳动力处于次要位置，我把这称之为"知识革命"。

这四个阶段，整个产业效率、生产效率、管理效率、全要素效率都产生了巨大的改变。那么，你的组织要不要拥有知识呢？

现代工业革命需要的要素是把流传千年的技能和经验转化为知识，把工匠的经验变成方法论和工具，这些方法论和工具，我们称之为知识，使工业革命的效率比之前的几十个世纪还要高很多，里面最大的调整得益于管理学的开篇——泰勒的《科学管理原理》。

知识应用于工作，使社会生产力快速递增，每隔18年就会翻一番。1911年，当《科学管理原理》出版，管理成为科学普及应用到工业产业线的时候，所有发达国家生产力水平都已提高了50倍左右，这是非常巨大的价值贡献。

事实上，知识是今天唯一有意义的资源，它已成为获取社会与经济效益的一种手段，正被应用于系统化的创新。今天，我们难以想象知识对生产力的发展会提高到什么程度。今天的知识已经应用于社会各个方面，你可以看到：谷歌、亚马逊、通用电气、阿里巴巴、腾讯，以前很难想象几千亿、几万亿销售额和市值的大规模价值贡献，但今天它们做到了，就是因为知识的支撑。我们如果想在今天具备竞争力，我希望我们的企业成为知识驱动型的公司。

一个用知识驱动的组织，像前面提到的这几家组织，它们在四件事上做出巨大的努力：第一，组织当中要有知识DNA；第二，组织结构通过数据化来驱动；第三，有知识链和数据流协同开放的伙伴系统；第四，持续创造价值。

你的企业是一个知识驱动的组织，还是职能驱动、投资驱动、权力和资源驱动的组织？

我们怎么获取这样的组织驱动？我特别喜欢一个人，他影响了日本经济，他就是戴明，他把质量管理带去了日本，使日本在二十世纪七八十年代有巨大的工业腾飞。戴明很强调组织要有一个东西，就是深厚的知识系统，由四个元件构成并相互影响：对系统要欣赏（对整体最大化的欣赏）；理解所有变动相关联的知识；要有自己的知识理论；对人类心理知识的理解。它们彼此之间互相影响，然后带来系统特性，如果一个组织具有系统特性，效率就会非常高。

请你去打造你的组织的深厚知识系统。这样，你的组织就会有很强的竞争力。知识的生产力日益成为经济和社会成功、整体经济表现的决定性因素。

你的组织是否拥有知识，有两件事情非常重要：是否是知识驱动型的组织；是否拥有深厚的知识系统。

⊙ 怎么实现这件事情

我给自己三个座右铭，其中一句是"你的手是比头高的"。我们所有想的东西必须变成行动，去验证，通过行动和验证，知识就是你的，而且会让你非常有力量。我们应该有系统、有组织地利用现有的知识去创新知识。

在行动上做两件事情就好了。

第一，不断有目的地放弃。组织要有目的地不断放弃，学习新东西不难，关键是忘掉旧的东西，否则你没有办法装进新的东西。

第二，你必须持续地理解外部环境。

接下来要做几个动作，第一个动作是要"过三关"：忘记、借用和学习。

这是我们在组织管理常用的方法，如果想做新业务、新领域，就要求组织过这三关。如果你想进入新的知识领域也是如此。"忘记"这关很难过，要把过去形成的观念摆脱掉，我会要求自己去放空；"借用"这一关我鼓励大家使用，希望你去借别人的优势，这会使你非常强大；"学习"这一关是要学习未知，你要有学习未知的能力。

我给大家几个建议。

第一，英国小说家说的一句话给我很大帮助，别人问他小说为什么总是写得这么好，他说唯有融会贯通。

按照知识的逻辑，首先你应该是界定问题，而不仅仅解决问题。别人问我为什么可以做那么多事情？我觉得和时间、和事情无关，很多时候我们忙碌是因为没有清楚问题，不知道哪些问题是你的，然后所有问题全部都去解决。你肯定非常忙碌，有价值的事情反而没有去做，这恰恰是我们出问题的地方。

接着，对问题要进行分析，要把数据处理成信息，再对信息加工变成知识，所以一定要进行分析，看看这是不是你的问题。我在企业的时候，很多事情我会跟同事说你去做就好了，他说他要跟我汇报，我说不用，你去做就可以，他说那出了问题怎么办？我说出了问题我来帮你担好了，他要做的就是找出解决问题的方法。这个时候你会发现这些事情很快就处理了，如果不这样，我相信很多事情就解决不掉。

一定要对真实的事情做系统的分析，然后要有方法论。我自己工作的第一个方法论是，我决定去做的任何事情，一定会安排时间，比如跑步、写书、看书、旅游、见朋友，我每天的每一个小时都是割开的。我很少说"一天"这个词，于是发现一天可以拆成八个小时，做八件事情。如果只按一天算，只能做一件事情。

最后要知道，很多东西你是无知的。所以，要通过以上方式去实现。

第二，要想拥有知识，唯有终身学习。

终身学习要有三个能力：基本学习能力、过程学习能力和综合应用能力。基本学习能力是对纯知识、专业知识、存量知识的理解；创造性知识在过程学习能力中出现，包括过程知识、增量知识、跨界知识；综合应用能力是非常重要的，即能否去验证你的理解和想象。

第三，唯有突破自我极限。

人的自我极限是自我设置的，其中有三个障碍常常被我们忽略：第一，太过自我；第二，我们信仰的真理和事实的真理是有差距的，我们总认为我们相信的就是真的；第三，你的经验——如果经验不变，事情变了，经验就会成为绊脚石。

彼得·德鲁克说，职业经理人的角色要改变了，过去是为工作、下属、业绩负责的人，未来是为知识应用和表现负责的人。一个人的能力和未来的价值要胜任社会，恐怕确实得做改变了。

知识经济的社会，最不能浪费的是知识潜力。我们一定要想办法进行自我训练，获得深刻的洞察力、远见，前提就是你要愿意更宽泛接受所有的东西，然后内化为自己的。你一定要深度介入社会的变化中，然后才会得到足够深的、属于你自己的知识。

我把我自己喜欢的几句话送给大家。

什么是优秀的人？真正优秀的人，会不断完善自己的行为，以比别人更高的标准来行动，放弃对自己的过度欣赏，不断接受变化。

理想和现实只需要一个桥梁：行动。想到就去做。我的口头禅是"去做啊"。

人的高度，不是思想决定的，是你的双手决定的，手比头高。想在知识时代成为弄潮儿，就要先拥有知识。要拥有知识，就一定要把数据变成信息，把信息变成知识，然后通过行动，成为一个有智慧的人。

（2017-09-01）

未来工作中如何才能不被取代[①]

导语：未来的职场充满诸多不确定和挑战，当机器人"军团"来势汹汹，我们如何面对？当中年危机说来就来，你应该如何调整自己的心态？当职场上的性别烦恼困扰着你，你又该如何打开心结？

⊙ 只要愿意行动，机器永远无法取代你

面对数字技术驱动的智能时代，有观点认为机器人将抢走很多人的饭碗，但我反而不太担心机器人像人一样思考，我比较担心人像机器人那样去思考。因为，人有一个最独特的能力，就是与时俱进。如果这个时代机器人在各个行业大量出现，人就有能力找到一种跟机器人互动或者共同工作的方式。如果说机器人能胜任很多工作，那人就一定能找到他自己生存的空间和相关问题的解决方法。

我自己在教组织行为学时，跟学生们讲过一个话题，说有一天我们工作的场景中大部分的工作都是由机器人来做的。对组织管理来讲，我们要做的一件事就是怎么让人有价值，这既是组织讨论的话题，也是个体讨论的话题。我希望大家能够自己理解，你有两件事情，机器是不可替代的。

第一件事，就是你的个性，这是没有人可以模仿的，"个性"可以是动态的，是一个变量。你如果不断地去变化，不断地去调整，没有人可以替代你，因为这是一种特殊的属性。

第二件事，人有一种能力，机器替代不了。我原来在企业任职的时候，因为要带领企业的同事们去做改变，我就和同事们谈了对能力的认识。

我觉得能力的定义有三层含义：

第一，能力是一种可能性。它其实没有边界，比如你的能力到底到什

[①] 本文是作者作为 2017 中国年度最佳雇主评委会主席，在智联招聘 2017 年公司年会活动上演讲的主要内容。

么程度，我不能给你下定义，我希望你也不要下定义，因为你的能力一定是没有边界的，你只要不断尝试，你的能力就会不断地被呈现出来。

第二，能力本身是一种想象。就是说你做想象的时候，你的能力就会被释放出来。想想小孩子，有时候很多家长会认为小孩子不会做这个事情、那个事情，可有一天你会突然发现他做出来了，作为父母辈的人，你会很难想象这件事，但是他确实就会做出来，甚至你回过头来无意之中就会发现你的孩子长大了，长大到可以保护你了。人的能力的想象空间是非常大的，想象空间足够大时，能力也就足够大。

第三，能力本身是行动。就是你只要去行动你就会发现，很多事情，可以变成现实，所以我在很多场合下讲过我个人的观点：理想和现实之间只需要一个桥梁，就是行动。只要你愿意行动，理想就会变成现实。为什么我们不担心人，如果我们的理想就是在机器人时代人不被淘汰，只要我们今天愿意行动，结果就是人一定不会被淘汰。

⊙ 中年不是危而是机

最近被问到很多关于中年危机的问题。我之前跟年轻人聊天，90后的人说"90后的人已经在疯狂地老去，陈老师你们怎么办？"我回答说："我们只能认真地逆生长。我觉得没有问题"。生理意义上的时间我们接受就好，任何一个人必须尊重自然规律。你的时间在什么阶段就是在什么阶段，你是中年就是中年，你是老年就是老年，你是少年就是少年，这很正常。因为，你在中年的时候会体验到少年体验不到的美好、复杂、丰富或莫名其妙。但这个莫名其妙你在中年能体验到，少年时是体验不到的。

如果你觉得今天有危机感，我要恭喜你，因为危机反而是真正的动力。假设我们都在舒适区，实际上没有办法进步。年轻人为什么有进步、有未来？就是因为他爱冒险。中年人或者是老年人为什么会有未来、有美好？是因为有危机。如果到了更老的年龄，为什么你会有更加美好的未来？是因为你很淡定。

我想这就是每一个阶段、每个人最真实的价值，接受就好。我自己比较主张在什么时间做什么事情，比如说中年，你应该做三件最重要的事情：

第一，让自己去接受这个时间带给你所有的美好。因为之前没有这些美好，包括你的危机和焦虑。我觉得这也蛮有意思，如果你足够焦虑，身体反而可能动起来，也许对你的健康有好处。你只要把焦虑变成动力，我就建议你接受这一切。

第二，用欣赏的眼光看你所有不懂的事。我们说危机和焦虑，最大的原因是你发现很多东西不懂了或者你认为压力来源于年轻人带给你的紧迫感。这些都不重要，因为你只要能接受、包容更多新东西，你还会有另外一层，这一层会加上中年时间给你的沉淀，这样你对任何事情理解的深度，会比年轻人多很多。这是我希望你做的第二件事情，包容所有。

第三，找到自己能做的事。我为什么说合适的时间做合适的事情，在中年最应该做的是怎么帮助更多人成功。这应该是你做的事，而不是计较自己成不成功。一个人成不成功最重要的衡量不是自己得到什么，不是自己取得什么，而是你帮助多少人得到什么。如果你确实觉得有危机，你原有的职位、岗位不能让你帮助其他人，那你是不是跑来跟我当老师也可以，因为你就可以把你想说的话，你所焦虑的事情拿出来跟更多人分享，使得更多人理解这种焦虑。你的感受就能够给其他人一些启发。

你享受这个时间就好了，每个人都会走到这个时间点，每个人都会走向下一个时间点，只不过这个时间点你走到这里而已。那你就享受它，你能享受它时，你一定会觉得，中年也是一个不可替代的美好的人生阶段。

⊙ 岗位只有职责没有性别

有很多人关注女性在工作上的竞争力，认为女性会比较弱势。从管理的角度看，我们到了一定的岗位之上，其实只有责任没有性别。这个岗位不会讨论你的性别是什么，只讨论你可不可以把这个责任担当下来。在很多岗位中，这个要求是一样的。所以我基本不说，女性与男性的区别到底在哪里，但当然一定有区别。比如我们回归到技术岗位上来，从统计的数据角度，结论是男性会更多一点。在以技术和知识驱动的时代，女性怎么面对呢？我的视角可能会有点不一样，在职业、行业或岗位安排中，我觉得首先还是看怎么能够去跟它有共振共鸣。如果这个共振共鸣与女性个性特征不适合，适合男性就让男性去做。如果女性适合回家，那女性回家就好，回家也没有什么不好。

反过来女性还有更多适合做的事情。在知识驱动和技术驱动的时代，有另外几件事情也很重要，比如可不可以真正地理解人在工作当中所获取的价值是什么？如果从性别上来讲，这个职业的敏感性女性会高很多。你会发现一个特别好玩的现象，技术岗位当中男性居多，我没做统计，我只是看到一些非常优秀的、大型的技术公司的总裁或董事长反而是女性，将来有可能大型的技术公司的董事长、总裁大部分是女性，技术工人大部分是男性。我的判断不一定对，但我认为"一切都是最好的安排"。

⊙ 年轻人，别着急，给自己一点时间

我是特别喜欢大学生，尤其是本科生。每一代学生和每一代年轻人都有每一代的烙印，他们不会用父辈或长辈们所用的经验、知识或体系来解决问题。所以，我不用"传承"而用"创新"和"创造"这两个词。我们认为每一代人都会有他们自己的使命和机遇，这种机遇和使命不是长辈们能看到的，这样的一种使命和机遇是给每一代人提供的最佳的机会和可能性。

有很多人讨论80后、85后、90后、95后，他们会说这几代人会有不同的特点。我就在想50年代的人也会说60后会有不同的特点，60年代的人也会说70后会有不同的特点。所以我不认为这是一个问题。我之所以说特别喜欢大学生或者本科生，因为有两个逻辑。

第一，拥有年轻人的企业才会拥有未来。

我自己做总裁时对组织最重要的要求就是，必须保证新入职的年轻人不被淘汰，如果有流失率会认为管理者不胜任。因为，拥有年轻人，这个企业才有未来。

第二，年轻人天性上有一点企业家精神的内涵。

我们讲企业家精神是什么？就是敢于冒险，敢于尝试，敢于创新。这恰恰是年轻人非常重要的部分。这个部分如果我们能够很好地保护，企业就会保有冒险和创新精神。拥有这些年轻人的时候，组织的冒险、创新和

敢于去努力的东西就会被保护下来。

年轻人一定要记住你拥有的这两个最重要的特质：第一个特质是你年轻；第二个特质是你应该敢于冒险。因此，你不应该给自己设太多的界限。

有一段时间有很多人问我能不能给年轻人一些建议，我说"不敢给"。因为现在年轻人拥有的东西比我们多，无论他们的视野、知识，他们对很多东西的掌握速度，他们对世事的看法，都比我们强。我现在给自己的要求是向年轻人学习。

如果一定要给，我会给年轻人一个建议，就是要"耐得住"。所有的东西都需要时间的付出，所以不要那么急于讨论，我在公司有没有更快得到肯定，有没有给我平台，有没有让我去到更重要的岗位，我认为对这些事情要多一点耐心。如果你能让时间在你身上安静地沉淀下来，你未来的空间会更加巨大。

把年轻的特质保护下来，这是年轻人在这个世界上、职场中最重要的事情。因为你年轻，你敢冒险，你把这个保护住就好了。请给自己一点时间，给企业一点时间，甚至给你所在的周边一点时间，这是我唯一给的建议，其他我只能向年轻人学习。

（2018-03-27）

一个人成长所需的四个要件[①]

导读：万物之中，成长最美。成长是我们终生都要面对的永恒主题，如何才能终生成长？你需要四样东西：梦想、伙伴、行动和开放学习。

一个人的成长由四样东西构成。

⦿ 梦想

如果你没有一个梦想，没有一个目标，你是很难成长的。

今年是一个很特殊的年份，是北京大学国家发展研究院（以下简称国发院）成立 25 周年，北大国家发展研究院 BiMBA 商学院成立 20 周年，北京大学建校 120 周年，中国改革开放 40 周年。

当我们回顾国发院的历史，就会看到曾经有 6 位老师怀揣梦想，用全球视野讨论和研究中国问题，所以我们就有了今天的国发院，以及国发院对中国过去改革开放 20 多年进程的影响。那个起步的地方就是那个梦想，所以无论从任何一个角度去讲，我们都需要有一个梦想来牵引，来引领我们自己。

40 年前中国希望用开放自己、让民族再次腾飞那样的梦想牵引打开国门，40 年后中国成为经济要素最强的国家之一。我相信你也清楚这个梦想的牵引有多大。

我们回想 120 年前，当基于民族要崛起、要复兴的梦想而设立第一所中国自己的大学的时候，大家都知道 120 年后北京大学在中华民族进程当中所创造的作用。无论是从更长远还是从最近一年前的梦想，都会牵引到每一个项目、每一个机构乃至整个世界。我们成长当中最重要的要素就是梦想和目标牵引。

[①] 本文整理自陈春花教授在北京大学国家发展研究院职业导师项目 1 周年上的演讲。

⊙ 伙伴

有了梦想，有了牵引还不足以能够成长，非常重要的事情就是我们一定要有伙伴。我们必须要有伙伴，才能让实现梦想的可能性往前推一步。

我是做研究的人，我们在组织研究中保障目标实现最重要的条件，就是组织的设立。说得更小一点，就是有伙伴陪伴在你身边。

我本人深受一位中学老师的影响，她在我成长的全部历程中给了我巨大的支持和力量。

如果我们的年轻同学在职业过程和个人成长过程中有机会遇到一位良师，他能一直与你对话，陪伴你成长。我相信你一定会比别人成长得更加强劲，更加有助推力，更加有牵引力。这就是伙伴的力量。

我们的伙伴包括师长、同学、同事、家长，甚至可能是陌生人。当他推动你进步的时候，就成为你继续成长的重要力量。

⊙ 行动

很多时候我们有梦想，也有伙伴，但是我们不行动。不行动，就没有办法真正成长。

行动的过程让我们看到成果。影响你成长的很重要的原因之一，就是你能不能一步一步看到自己的成长性，成长性要靠你努力的过程来呈现。

⊙ 开放学习

有些时候，我们并没有真正学会学习，虽然我们在课程中经过了学习的历练，我们也拿到了各种各样的证书和学位。

要真正学会学习，关键是要开放学习。

第一，你愿不愿意接受不同的声音、不同的观点、不同的挑战？

只有接受不同的声音、不同的挑战，才能真正让自己学会学习。所以，当你与导师在一起的时候，也许导师和你的意见不一样，也许导师会以他过往的经历对你遇到的问题提出不同的观点，这时候你愿意开放自己吸纳意见还是认为导师没有能力、没有经验解决新问题，这本身就是学习度够不够的问题。

很多时候我会对年轻人讲，虽然我们学习的知识非常多，但不一定能让你学到的东西很多。因为你可能以自己的观点做了一些筛选，这时你有可能就没有真正去学习。

第二，你愿不愿意把自己真正有价值的东西拿出来给你的伙伴？

如果你想要伙伴陪同你持续成长，你也要真正给伙伴一种感受：他因为你也在进步；如果他因为你而进步，他一定会愿意和你共同成长，这取决于你愿不愿意把有价值的东西贡献出来。

很多时候，我很愿意跟更年轻的老师和同学在一起，很大原因是我发现在他们的身上学习到的更多——一些新的视角、新的理念。这时候在于你愿不愿意贡献，如果你仅仅向伙伴汲取而不做回应和互动，"共生"就很难实现。关于开放学习，第二条就是能不能有真正的价值贡献。

第三，你会不会因为学习真正进步？

有时我们很多人学了非常多的东西，却仍停留在原来的地方，看问题依然是原来的立场，解决问题依然运用原来的经验。

我不断地告诉企业家："今天，你和你的团队必须成为合伙人。"

有个企业家学完后，过了三个月带着下属来了，说："我已经运用了你的理论。我跟他们是合伙人。"

我看那两个人一直不敢说话，觉得很奇怪，我问他们两个："公司有问题你们跟老板意见不一致的时候，你们会怎么表现？"

老板说："他们两个不用说话，肯定听我的。"

我说："你们是怎么当合伙人的？"

两个新的合伙人说："我们不知道什么叫合伙人，老板说我们变成合伙人就是合伙人，其他所有东西都没变。"

他们学了"合伙人"的概念，回去就运用了，甚至正式宣布他们是合伙人，但他们的感受没有变。这不是真正的学习，真正的学习一定会有改变。

第四，你能不能挑战自己，把自己否定掉？

我在最早做组织研究时，非常关心员工对组织的忠诚，因为我们发现，只有形成忠诚、上下统一的团队，组织的力量才是最强大的。

随着互联网技术的出现，我们做组织研究的人必须调整组织的基本逻辑，员工和组织之间不用"忠诚"这个概念去研讨，而是要用我们彼此能否找到一个共同成长的发展方向去研讨，这也是我提出"共生型组织"这一概念的原因。

你会发现员工和企业之间，不存在组织大过个人或者个人大过组织这个逻辑。我作为从事组织研究的人就得否定过去的认知，光否定还不行，还得找出新的解决方案，这才是真正在学习。

你要主动把自己过往的经验、最擅长的东西放掉，只有这样才是真正懂得学习。

我的另外一个研究方向是企业文化。企业文化中最难的不是吸收新观点，而是放弃旧有的习惯。放弃旧有习惯就是学习的一部分。

学习是创新的来源，是驱动成长的力量，是一种永恒的推动力。据记载，自有组织机构以来一千多年中，持续存活下来的组织只有83个，可能所有人都没有想到，这83个当中有75个是大学。

大学为什么这么强大？一个原因是大学最厉害的地方是永远有年轻人，别的机构都不是，只有大学是。

大学要的永远是年轻人，年纪一大了你就应该到社会，从一个索取者变成创造者，只有在大学是完整的索取者，这个阶段让你当索取者，到了年龄你就应该去创造。如果你有机会读MBA、EMBA，一定要珍惜，大学让大家重新年轻一次，如果不开放这些项目，我们就没有机会回来，就不可能完整系统地重学一个学位知识。

大学的生命力就在于永远年轻，这也是学习能带来的。

一个人的成长，源于四个最重要的东西：梦想、伙伴、行动、开放学习。

（2018-12-11）

你的专注度决定未来

导语：组织发生巨大变化的今天，到底什么变了？为什么这些改变对我们的影响如此之大？进入组织，个人的挑战到底是什么？沿着组织而不是个体的角度来设计和把握你的未来。

之所以要讨论组织这个话题，因为常常有学生会向我提问。

"陈老师，我想脱离组织，可以吗？"

"陈老师，为什么我在组织里发展没有预期好，换一份工作会好转吗？"

"陈老师，我已经考了7个证书，快毕业了，却不知道该干什么。您能给我一些建议吗？"

其实在我自己的教学和实践当中，我发现大部分的问题源于我们对于理论的理解不够。因此，我想从组织理论的角度，而不是个体的角度，来谈谈面对现在这个时代，应该如何做总体性的把握。

⊙ 组织比个体更强大

我常常和很多学生讲，你要尊重组织，当你一个人面对组织的时候，组织一定比你强大。因为有三件事情，个体是做不到的，只有组织做得到。

第一，保证目标实现。

当个体实现目标比较困难的时候，如果借助组织的力量，目标会比较容易实现。

第二，让人创造价值。

一个好的组织就是让本来不能胜任工作的人可以胜任。这一点，组织可以做得到，个体做不到。

第三，可持续的基础。

个体的生命是有限的，但是一旦形成组织的时候，你会发现，通过一代又一代人的努力，企业的寿命可以非常长，组织可以不断持续。

⊙ 组织于你是助力还是阻力

作为研究组织比较长时间的老师，我最深刻的感受是，当你无法理解个体与组织之间到底是什么样的关系的时候，当你不知道如何借助组织让你更加有作为的时候，你是没有办法很好发展自己的。

大部分学生毕业后进入组织，发展到一定阶段，都会遇到这样的困惑："我职场的发展没有想象的那么好，换一个工作会不会变好？"

人才流动的话题在今天是非常普遍的，我很想正式告诉大家：组织对于个体，可能是一个推进力量，也可能是一个阻碍的力量。我们要懂得一个常识性的概念：正式组织的要求，跟健康个性的发展，其实是不协调的。

我个人也是读到克里斯·阿吉里斯的书，才明白这个道理。克里斯·阿吉里斯把"正式组织的要求和健康个性的发展是不协调的"定义为组织管理的第一原理。因为在正式组织中，需要你承担责任、作贡献和行使权力，而当你承担责任、作贡献和行使权力的时候，你要关注的是组织目标，而不是你个人如何发展。

也就是说，当你承担组织目标的时候，个体的很多东西就要放下，一定要约束你自己。因此，在现实中，当你感觉组织对你是一个阻力的时候，一定要问自己，是否将自己的发展放在组织的责任体系下思考？如果你这样思考就会发现，你可能能找到解决办法，而对你来说，需要的是不断突破自己。

所以当有同学感觉在组织中受到了约束，没有发展得那么好，在考虑离开的时候，我常常问他：你离开是因为能力没有得到发挥，还是受到了障碍？如果你觉得自己的能力没有得到发挥，我会比较同意你换一份新工作。

如果你觉得自己被阻碍了，力量没有地方使，这可能是你在任何一个组织都会有的感受。这个问题的核心不在于你是否被组织约束住，而在于你愿不愿意不断地对组织的目标贡献自己的价值。

当你这样想并且付诸行动的时候，你会发现组织对你是一个助力，它可以让你在不断约束自己的过程中贡献更大的价值。如果你不这么理解，认为这是组织对你的伤害，那么即使跳槽去另一家企业，可能还是会有相同的感受。这是关于个体与组织之间，我们需要理解的一件很重要的事情。

⊙ 最不可替代的价值是专注度和投入度

今天的组织正在发生巨大的变化，它到底变了什么？为什么这些改变对我们的影响如此之大？个体进入组织，面临的挑战到底是什么？这是我希望大家能理解的。

对比传统的组织结构和新的组织结构，无论是结构、人在组织中的作用、组织如何评价人，以及薪酬的设计、合约的设计、职业管理的设计，甚至是员工的流动性、组织所遇到的风险，都产生巨大的变化。如果我们不能很好地理解这些变化，我们在组织中就会变得非常困难。

所以，我常常和本科阶段的学生说，在本科阶段，你要做一些规划，这样当你走进组织的时候，你可以在组织中做一个非常有效的成员。

我看到很多本科阶段的学生非常喜欢考各种各样的证书，例如英语证书、会计证书、律师证书等。我甚至遇到一个学生，在大学期间考了7个证书，临近毕业了，他问我："陈老师，我应该去哪里工作？"我回答他，因为你会的东西太多了，我也不知道你应该去哪里工作。

当我们回头看这位学生的专业学习的时候，发现他的成绩并不好。作为一个学生，唯一很精准的评价其实是你的学生身份，如果你做不到，即便你考取了很多的证书，也没有办法真正地证明自己。

在传统组织中，你考的很多的证书是有用的，因为你是通才；但是，今天的组织其实是需要你有技能和专长，也就是说你必须是某一领域的专家。我和很多同学都讲过，不可替代才是最有价值的。不可替代靠的是什么？这其实源自你在某一个领域认知的专注度、投入度，以及你对它的把握。如果你不能专注、投入、把握它，你就有可能被替代。我希望学生一定要对自己有这个要求。

举个例子，很多的学生跑来跟我说："陈老师，我不喜欢原来的专业，想来考你的硕士，可以吗？"我就问他专业成绩怎么样，他回答，因为不喜欢所以没怎么学，成绩不好。我回答他，其实在大学的专业学习阶段，无论你是喜欢还是不喜欢，仅仅是一个最基础的要求，任何一个专业都是训练你去学习的方法，而不是你对这个专业贡献了什么。这就是我希望你关注的话题，也就是你对自己的规划和培养。

我们再来看组织的变化，一个非常有意思的变化就是评价体系变了。之前，组织会比较在意你投入了多少，今天组织更在意你的产出是多少，也就是你能做出什么东西来。

以前，你可能会说，我很努力，很认真，我把时间都花在这里了，这样组织会就觉得你很不错。但是，今天你所做的这些努力要有结果，你才会被接受。组织发生的这一变化所带来的影响是巨大的，如果想在组织中很好地发展自己，你就要做好准备。

第一，组织在今天更关心怎么去面对不确定性。

因此，对人的要求，不是你能不能胜任这个工作，而是能不能创造性地工作。以前 HR 在面试的时候可能会很关心你做过什么，但是今天，他可能更关心你能不能创造性地工作，能不能带来更多新的东西。

第二，组织的层级从科层制变得扁平化。

以前你从基层做起，到中层、高层，一级一级往上升迁。今天，层级被拿掉了。如果你可以更快地创造价值，就不需要通过层级来做升迁。

接下来我们会遇到很多的变化，都不是有没有机会、有没有空缺、有没有职业的限制，这些其实都不存在。因为企业都在创造新事物、新事业，如果我们能共同创造价值，你就会发现机会比之前要多。以前我们要等空缺出来才可以做事，今天更多的情况是我们创造新事业、新平台，然后人们从中成长。

当组织发生这些变化的时候，对个体的要求是自我管理。早期我去企业，常常遇到年轻人对我说："陈老师，你能不能给我指定一个师父，帮我设计职业生涯的规划？"在现在变化的背景下，公司没有办法给你规划，因为一切都在变，也没有人给你辅导，所以我就用了一句话——自我管理时代，你需要自己管自己。进入自我管理时代，最重要的是什么？是你对未来的设计和把握。

（2019-02-18）

持续自我完善方能成为真正优秀的人

导语：你年轻时努力的程度如何，决定未来你的高度如何；你年轻时有多自律，决定未来你有多自由。我希望大家真正去行动，因为只有当你去做的时候，你才会成功。

与同学们交流的时候，大家都确信思想是极其重要的，也很认同一个人思想的高度决定这个人的高度。坦白讲，以往我也是持有这种观点的人，在过去也会花很多时间不断地思考、不断地企望可以通过思想的深化贡献自己的价值。

但是，当我不断地深入实践的时候，无数的事实让我明白了一个最简单的道理，那就是：思想需要落实为行动，转化为真实的结果。只有这样，思想才真正有意义。

⊙ 思想以行动为载体

改革开放初期，人们在思想上极其混沌：一方面，根深蒂固的意识形态上的累积，让许多人无法分辨改革开放的对与错；另一方面，残酷的现实让国人明白，如果不改革开放中国就会陷入无法发展的境地，从而脱离整个世界发展的轨迹。

正是在这样思想极其混沌的情况下，邓小平极其清醒地提出：实践是检验真理的唯一标准、空谈误国、摸着石头过河等一系列改革开放的明确观点，从行动上来推动改革开放。正是这些清晰的指引，中国才获得了改革开放的成功。

因此，思想固然重要，但是思想只有转化为实践，用来指导实践，才会焕发出异样的神采。只有以行动作为载体的时候，思想的魅力才能得以展示。理想十分重要，因为没有理想，人生就没有了前行的力量。但是，理想之所以具有如此的魅力，正是因为它可以指引每一步现实的努力，通过每一步现实的努力才可以靠近理想，让理想成为现实。因此，面对现实才是我们必须做出的首要选择。

现在是你的所有，过去和未来不是

"日事日毕，日清日高"，这是海尔的管理理念。

张瑞敏为海尔到底带来了什么？仔细研究海尔的文化，就会发现张瑞敏给海尔带来了一个员工的习惯：要求每一个员工每一件事情必须在当天做完，当他每一天都做完的时候，每一天就会进一步，所以叫"日清日高"，这就是海尔最值得骄傲的东西。

正是"日事日毕"的习惯，让海尔成为一个高效的企业。

今天所做的事情一定要在今天结束，不要推到明天。每一天的事情一定要在当天结束，这是第一个需要同学们做到的要求。

第二个需要同学们记住的是：现在才是你的所有，过去不是，将来也不是。

上课的时候，我问过很多同学三个词，让大家写出自己的感受，这三个词是"过去""现在"和"未来"。

同学们给我的答案大多是：过去是美好的回忆，未来是光明的未来。对于现在，同学们好像觉得现在就是现在，没有什么可以描述的。

这样一个简单的问题，却能够折射出同学们的基本情况，这样的答案表明，同学们对过去、未来都有认识和期许，但是往往忽略了现在。

如果强调过去，其实你是懒惰，因为你对于过去的东西耿耿于怀，对于已经取得的成绩念念不忘。

如果强调未来，把所有的期望都放在未来，其实你是懦弱，因为你不敢面对现在。把一切都推到不可知的未来，是在寻找借口，逃避现实。

唯有强调现在的人，才是强者。我们真正能够把握的，其实只有现在。

所以，我一直很喜欢一个口号：从我做起，从现在做起。

这就是我希望同学们了解的东西：能够把握现在，你就有了未来。每一代人都不需要与前人比较，因为你肯定可以超过前一代人，社会一定是在进步的。

做到这一点需要一个前提，就是要把今天的事情全部做好，只有做好每一个今天，你才会超越别人而拥有明天。

⊙ 训练 OGSM-T 工作方法

把握好现在，需要同学们做成功的计划，把每一天、每一个月、每一个年度、每一项工作，用成功的标准来做，不要得过且过，不要不求品质。

我非常在意品质这个概念。品质与品位有着内在的联系，品位就是有品质的"味道"。

成功的计划就是用品质作为原则，确定做事的时间和标准。换句话说，就是一定要对你做的每一件事都强调质量。真正的成功就在于这个人所做的所有事情都是有质感的，都是有品质的，而这样的人也才会有品位，才会有"味道"。

确定计划需要从目标设定开始。目标设定之后，需要安排时间并确定检验的标准。以往的观察让我了解到，同学们会忽略检验标准，还会忘记时间的安排。更糟糕的，是会总结不会计划。

"总结"总结的是过去，"计划"计划的是未来。会写总结而不会写计划的人，会变成只有"过去"却没有"未来"的人。

在企业日常管理中，有一个工作方法，称为 OGSM-T，这个方法同样适用于同学们的日常学习和生活。

目的（Objectives）

要确认你的方向是什么，你需要达成什么。通常指长期的时间框架（如 4 年）；通常指一个领域或最多两个领域，并且对核心领域做质的描述；目的通常来自自我创立、方向指引和使命定位。

目标（Goals）

怎样衡量达成目的过程中的进展？对目的量化指标；周期性（季度或月度）追踪；目标应该是明确的，可量化、可实现并且与目的一致，尽量用图表报告。制订目标应遵循 SMART 原则：明确的（Specific）、可衡量的（Measurable）、切实可行的（Achievable）、结果导向的（Result-oriented）、有时间限制的（Time-limited）。

策略（Strategies）

策略是指怎样达到目标。"策略"通常包括所用工具、核心事务及关键成功要素；"目的"是决定与方向，"策略"是为达到"目的"及"目标"所做的选择；"策略"不能太多，通常限定在五个或更少，否则会失去重心，分散资源。

衡量标准（Measures）

你关心什么就衡量什么；只有衡量你想得到的，你才有可能得到；没有衡量就没有管理。衡量标准应该是明确的，可量化、可实现并且与目的及目标一致。制订衡量标准也要遵循 SMART 原则。

行动方案（Tactics）

行动方案指具体的活动或项目，完成这些活动将获得竞争优势。步骤：写下所有为达成目标必须做的事；责任：每一个步骤由谁负责；支持：期望什么样及获得谁的帮助；时间：每一个步骤开始及完成的时间框架或者流程顺序；每月评估：追踪进度，若有差距及时调整。

这是企业管理中最常用的工具，如果你可以在日常生活中采用，一定会有所收获并受益终生。

⊙ 为什么人的组织属性更重要

我担心今天的年轻人想的比能做的高。正如我一直强调的那样，手始终比头高。现实生活中，人们说的比做的好，想的比做的好，梦比现实好。我用这句话自勉，也把它转给了我喜爱的学生们。

生活中很多人之所以存有这样那样的困惑，是因为没有连接理想和现实的桥梁，大家简单地认为思想和行动之间是一个被动和主动的关系。就如很多经理人认为战略是老板的事情，他们没有机会为公司的战略做出选择，但是这个理解是极其错误的。战略并不是思想而是行动，每一个经理人的行动都是战略的选择，也许战略目标是企业家的事情，但是战略本身一定是经理人的行动。

年轻人存有这些困惑，是因为大家认为个体是独立存在于这个世界上的，这一点并没有错误，但是当个体存在于这个世界上的时候，最重要的不是人的个体性，而是人的组织属性。

在我讲授"组织行为学"这门课程的时候，我会花很多时间来讲解个体在组织中的作用和属性，我会非常认真、明确地告诉所有人：组织是为实现个人生存目标和组织目标而存在的，组织存在的关键是个人对组织的服务，即对组织的目标有所贡献的行为。

巴纳德认为，"组织不过就是合作行为的集合""当两个或两个以上的个人进行合作，即系统地协调彼此间的行为，在我看来就形成了一个组织""世界上最简单的组织是两个人——甲和乙之间的商品交换"。

组织能否发挥效用，取决于组织本身能否带动组织成员一致性的行为。大多数情况下，组织成员有着不同的目的和行为选择，如何让这些不同目的和行为的人集合在一起？其关键要素是什么？就是组织目标。

组织因目标而存在，同时也因实现目标而获得组织成员的认同。

⊙ 人的优秀在于行动

因此，要解决前面提到的那些困惑，首先需要解决的一个问题是人的角色。

你作为个体可以是一个充满理想的人，可以是一个热爱思考的人，也可以是一个不屈从于现实的人，但是当作为生存的选择时，你只能够承担职业所必须承担的角色。这个角色决定了你必须是一个充满理想而又脚踏实地的人，必须是一个热爱思考而又身体力行的人，必须是一个面对现实解决问题的人。

这样的要求也许在很多人看来太过苛刻，但是一旦成为职业人，你所承担的责任要求你需要如此行事、如此思考。

我曾经很认真地讲授一个专题课程：职业经理人的素养。在课程里，经理人需要了解到，当处于职业角色的时候，我们所需要做的就是行动：

一是具有承诺的心态，对目标承诺，解决"为什么做"的问题；

二是对措施的承诺，解决"如何做"的问题；

三是对同事承诺，解决"与谁做"的问题；

四是做到对于环境的敏感；

五是愿意脚踏实地的工作；

六是关注于结果；

七是对于不确定问题的公开坦诚；

八是选择的标准——知道什么应该做，什么不应该做；

九是给工作赋予意义，使成员愿意为之全力付出。

我之所以在意职业经理人的这几项素养，是想清楚地表达，作为一个人来说，其职业的要求就是做一个实实在在的实践者。如果不能够有职业化的心态，不能够面对问题、解决问题，不能够配合企业的要求，不能够带领员工共创业绩，那么你对角色定位就会产生误解，因此而产生的痛苦就可想而知了。

有一句哲学名言："人无异于一根芦草。只是，这是一根会思想的芦草。"这句话给了人类本质的评价并使得人类承担了宇宙的责任，因为在这个星球上，人之所以能和其他物种区分开来，在于人有思想。

但这仅仅是人与其他物种区别的本质，而对于人类自身来说，在这个世界里，人之所以有优秀与一般之不同，在于优秀者更有实现构想的能力，而不是更有思想，人之优秀正是源于他的行动。

大部分人都在强调自己比别人优越的各种条件，但是究其根本一定是：一个优秀的人能够持续地完善自己的行为，以比别人更高的标准来行动。我们需要放弃对自己的过度欣赏，需要打开心胸，接受现实。理想之所以能够变成现实，是因为有连接理想和现实的行动。

现实主义和理想主义没有距离，因为行动让这个距离拉近了。

林肯是坚定的理想主义者，坚信美国是统一的国家，然而正是他的现实主义色彩，对于罗伯特·李将军的现实主义态度，才使得南北战争取得胜利。邓小平也是理想主义者，然而正是他基于中国的现实创造并设计了经济特区的做法，使得理想得以实现。

不要用理想主义的口号来掩盖自己对于现实的无能，理想永远是理想，现实永远是现实，理想不要迁就现实。只有真正面对现实的人，才有机会成就理想，这本身就是战略的含义。

我常常在不同的场合，要求大家把手举起来。我自己的一句座右铭是"手比头高"。你现在把手举起来，你会非常清晰地知道：手是比头高的。人的高度不是由思想决定的，而是由双手决定的。

（2019-02-27）

向未来求知需要全新领导力[1]

> **导语**：未来领导力从美感度开始，然后到开放度、同理心、思辨力、内定力。未来领导力并不仅仅是领导者才要具备的，而是所有人都要具备的。

企业的人力资源管理，最重要的改变就是从胜任力到创造力。从胜任力到创造力不是专指领导者，是指所有的组织成员，所以这一轮的领导力建设跟以往不一样，新的领导力建设是要全员的，就是所有成员都需要具备领导力。

⊙ 人类开启"向未来求知"

今天，对于人力资源管理的要求跟以前完全不一样。之前，我们找到胜任的员工基本上就是完成了任务。今天，企业遇到的最大的挑战是不断地应对不确定性。所以你会发现，今天我们不能只讨论人的胜任能力，还要讨论创造力。

这个变化就对人力资源的管理提出要求：你有没有能力让优秀的员工进来之后更加优秀、持续地优秀？因为只有这样，才可以帮助企业不断地成长。

之前，我们在讨论战略的时候，最关心的是战略业务模型的设计，但是我们今天在讨论战略的时候最关心的是什么？有没有人能够执行这个战略呢？

换个角度说，今天设计战略并不是一件很难的事，最难的是如何去高效执行战略。所以，今天的人力资源管理与以往相比有两个最大的不同：第一，从胜任力转向创造力；第二，从支撑战略转向匹配战略的高效率。

---

[1] 本文根据作者在腾讯"激发共创"T+HR 峰会上的演讲内容整理而成。

人力资源管理正面临着一个巨大的转型，要求非常高。

今天几乎所有人、所有组织遇到的最大的挑战，其实是整个动荡的外部环境。我们的不安之源不是因为知道得少，而是因为知道得多。知道得越多，就会变得更加焦虑。我们的员工跟我们自己都要回答："该怎样面对这些东西？"

我们常常会说要不要向过去学习？是不是有成功的标杆可以帮助我们？或者说，有没有一些好的经验可以帮助我们？我甚至在课程当中常常被学生问道："老师，您能不能教我几招？"

这样的思维方式都错了。因为我们今天遇到的所有问题，大部分都是之前没有发生过的。如果用过去的标杆来面对未发生的问题，我们将解决不了任何难题。就是说，用已知推不出未知。

在业务中，我们常常说，要满足顾客需求。但是你有没有发现，互联网技术带来的最大挑战——今天全部是创造需求、唤醒需求，而不是去满足需求，因为普通消费者并不知道这个需求。

比如说，以前只能用手机来打电话，从来不知道手机可以变成今天这样的智能终端。之前，我从来没有想过可以同时有10万人在听我上课。因为腾讯发明了微信，我在微信上一次课，就可以有10万人在听。上完这个课之后，我问其中的人，他们说，"老师，您讲得特别好，我们觉得非常有感情"。我那时候才发现，原来自己还有另外一个能力。所以，从这个意义上来讲，今天要求人力资源管理要有能力让员工不断地创造知识、以未知求得未知。

我之前关注到马丁·雅克，他是一位特别热爱中国的国外学者。他写了很多书来介绍中国，其中有一本书叫作《当中国统治世界》。在这本书里他说："中国跟日本、美国都完全不一样。最大的不一样，就是它所有的改革开放都是向历史学习"。这是一个很有意思的评价。日本明治维新是彻底地向西方学习，他说中国没有彻底向西方学习，我们更多的还是回看历史去学习。

我们今天遇到的最大挑战，就是你得向未来求知，不能只向历史去学了。今天的人力资源管理肩负着整个组织向未来求知转变的责任，我们该怎么办呢？

在过去六年的研究中，我非常关注怎么去让所有的管理者具备一种新的能力，这种新的能力叫作"未来领导力"。讨论未来领导力，就是回答怎么能够让整个组织系统更高效率地完成战略，并直接转成绩效。

⊙ 未来领导力的五维模型

未来领导力到底涵盖什么，它跟传统的领导力又有什么区别？让我们先从传统领导职能看起。

传统领导的三个重要职能。

第一，能描述愿景，而且能够传播愿景、实现愿景。为什么领导一定要描述愿景？因为领导最重要的功能是要有人跟随。"领导"的定义就是让人们去做你要去做的事情。所以我上课时常常跟学员开玩笑说，全世界最有领导力的人是谁？是那个不会说话的婴儿。你好好想想，这个不会说话的婴儿他要做的任何事情，所有人都得做。所以我常说，领导的天赋是天生的。那领导力是什么？其实是后天你自己训练出来的。领导的天赋你天生就有，但是如果你后天不刻意地去训练和培养自己，这个天赋就会慢慢地消失。领导力是后天习得的。

第二，建立信任和鼓励追随。不能建立信任和鼓励追随，就没有办法集合大家真正去实现愿景。所以我们在人力资源体系中一直都要回答一个问题，就是如何激励员工愿意去实现公司的更大愿景？如果不能建立信任和鼓励追随，企业愿景就无法实现。

第三，领导本人一定要有追求，要有个人努力。如果你没有更大的欲望和追求，跟随你的人就可能没有未来。此外，还需要培养团队，授权合作。

但是，今天的难题在于，我们确定了这三样东西还不够。不够的原因在于，在一个完全不确定的时间，我们完全是向未知求未来，在这个求知的过程中，很多人期待有领导可以追随。处在迷茫和波动之中，人们往往希望有人能够明确地指引方向。

学过《战争论》你就会知道，在战争当中谁是真正的领袖？就是在一片黑茫茫之中能发出微弱的光，坚定地指引方向的那个人。这就是《战争论》当中对于领袖的要求。所以，越是不确定的时候，越是一片黑茫茫，领导者越应该发出这样的光。

怎么能发出这个光？今天的领导除了具备前三个功能之外，还需要具备以下能力。

领导者必须有能力解读不同市场的未来趋势。你不仅要看到挑战、冲击和被颠覆的可能，还应该能洞察未来的新机会究竟在哪里。这就要求你必须有能力不断解读不同市场的趋势，驾驭技术带来的无限可能性；你还要有能力不断地去识别和判断，我们该怎么样面对这些不确定性。

更重要的是，你要能够把那些高潜力的未来领导者找出来，能够跟新生代员工有效沟通。我没有用80后、90后、00后来分代，而是总体用了一个词，叫"新生代"。年龄并不是代际差距的原因，价值观才是。所以不要认为四五十岁就是老一代，90后就比较年轻。今天的组织成员更需要领导，原因就在于新生代遇到难题，自己想不通就需要领导能想通，让员工坚定地追随，毫不犹豫、没有迷茫、非常快乐，这就是今天的领导者要做到的。

在这样的背景下，我把"未来领导力"模型提出来。"未来领导力"最大的特点是什么？以前，很多人希望领导者有魅力，魅力是构成领导力的其中一个要素。所以你就会发现，长得好看的领导是天生有好处的。但是，今天领导的魅力更多不来源于外貌，而是来源于领导的气质。

什么叫领导的气质？就是你愿意相信别人，愿意激励别人，愿意跟别人在一起。就像当年拿破仑失败的时候，有人问他："滑铁卢战役你为什么会失败？"他只讲了一句话，他说："我已经很久没跟士兵们一起喝汤了"。

"未来领导力"包括五个维度的能力——美感度、开放度、内定力、同理心、思辨力。将这些能力训练出来，你就会有领导的气质，能够非常明确地进行价值选择，笃定地前行，兼具开放与融合，同时能够感受生活并自律，充满创意而又脚踏实地。

比较巧的是，美感度（Creativity）、开放度（Open-minded）、内定力（Dedication）、同理心（Empathy）、思辨力（Sagacity），简称CODES模型，这五个能力维度的英文第一个字母合起来，刚好就是"密码"一词。理解这五个能力维度，照此训练自己、训练团队、训练员工，你就有能力面向未来，创造价值。

下面我就这五个维度进行展开讨论。

美感度——看不见的竞争力

能够就千差万别达成共识的只有美，美可以跨越时空。回看过去几百年来的商业活动，纵观人类历史长河，从商业逻辑来看，能够超越几千年、几百年的商业文明，真正存活下来，一直保有竞争力的产品，一定是非常美的。

蒋勋有本书叫作《美是看不见的竞争力》，里面讲了一个小小的故事。他说他在博物馆看到一个八千年前的木雕：一个少女在闻花香，他觉得那个木雕非常的美。后来有一次他到北京，在生活中看到了与那座古木雕同样的场景：一个少女在闻一朵花的香味，那一瞬间，他觉得非常的美。他当时就联想到那个八千年前的木雕，感觉少女闻花香的美穿越了八千年，穿越了千万里，他内心产生的共鸣在那一瞬间是完全一致的。这就是美的力量，美是看不见的竞争力。

很多创意其实都是源于美。我们能不能在美感度上训练自己呢？

美感的第一个维度是审美。现在所有的办公空间都非常强调意境和氛围，为什么？一个脏乱差的办公环境，绝对培养不出行业精英。审美就是对客观事物的美感和好感，你是不是有能力去细致感受与体会？今天我们太忙了，只要发现一点点、一瞬间的愉悦感，美就会呈现出来。美本身就是和快乐与善良组合在一起的，真、善、美三者组合起来就构成完整的人格。如果一个人只求真，不懂善、不懂美，他的人格是缺失的。如果这个人美与善都做到了，但是对真的东西不据理力争，他的人格也是缺失的。

怀特海讲过，人的思维训练的三阶段：第一个阶段是训练浪漫的想象力；第二个阶段是精确的知识训练，就是求"真"；第三个阶段是将浪漫的想象力和精准的知识训练综合运用到现实当中。

美感的第二个维度是创意。创意是什么？我们所有的创意其实都是在克服自己的弱点。人类通过不断克服自己弱点而获得成长空间。

所以，乔布斯说，其实技术和产品之间就是在弥补缺陷的。他要求技术研发人员先到顾客端去感受再回到技术端。当你知道遗憾是什么，然后再去弥补它，你的创意就出来了。

iPhone 之所以能够风靡全球，原因是乔布斯发现全世界能够用键盘的人只有大概 25%，有 75% 的人不会用键盘，所以他就立足解决这个遗憾，推出了不用键盘的手机。

我们习惯了输入全部用键盘，而乔布斯决定转换一个方式来解决这个遗憾，iPhone 的出现就是从不用键盘开始的。

我们需要理解，创意的产生大多并非源于灵机一动，更大的程度上是因为要去克服弱点，去真正满足人们的需求而产生的。我常常想到这里的时候，会想起一个牙膏的故事。

当年，高露洁跟大家说，谁能给我一个营销方案，让我的销售额提升 50%？

因为奖金非常高，全世界有 37000 多个专业人士，各种各样的人，都竞相给高露洁提供方案。最后高露洁只采用了一个员工的方案，这个方案来自他们公司的一个女员工。

方案只有一句话，把牙膏的管口放大一倍。因为早上挤牙膏，原来挤这么多，管口放大一倍，同样的力量就多挤出一倍来，一个月本来用一支牙膏的顾客，现在用两支。所以，后来销量翻了一倍。

当前期专利不公开的时候，就是高露洁的牙膏的管口是最大的，所以马上销量就提起来。为什么她能有创意？就是这个员工知道弱点是什么，知道需求是什么。

美感的第三个维度是更重要的——美感来源于什么？来源于对人的爱，我称之为人文精神。美一定是建立在对人的善意基础上。很多东西我们会觉得很美，哪怕它让你痛，你也觉得美，是因为那一瞬间让你的痛被释放、让你的痛被感知了，然后你就会觉得那是属于你的东西，你就会产生共鸣和跟随，这就是美的部分。所以我们一定要记住，我们在讲美感这个概念的时候，我们对于领导人有一个非常大的要求，就是要能够真正理解人性。

开放度——越开放越高能

为什么要开放？只有开放，才能与外界充分交流能量、物质与信息。不够开放的人一定不能得到足够的能量、物质与信息。

热力学第一定律告诉我们，你必须是开放的。原因就是你可以因此实现能量交换。越开放的人，能量会越高。关于开放度，需要做四件事情：扩大共同性、系统知识、跨界合作及协同共生。

怎么能够扩大共同性？就是你愿不愿意把你自己擅长的东西先放下。我们很多时候没有共同性的原因就是我们自己显得太强大了，强大到所有人都认为没有办法跟你在一起。

小时候我看的书当中，有一个案例让我感受很深。当年罗斯福竞选美国总统，需要争取农民代表的投票，他花了很多时间研究农民，然后去跟农民代表见面。据说农民代表原来决定不投罗斯福的票，因为觉得跟他离得太远。但是，与罗斯福交流两个小时后，农民代表一走出来就对记者说："我们农民代表一定会投他"。人家问为什么，农民代表回答："我觉得他就是个农民，他一定能够代表农民的利益"。罗斯福的这一做法，这就是扩大共同性。

在扩大共同性方面，我们今天面临的重要挑战，在于每个人都强调个性。但是，作为一个真正的领导者，今天就是要扩大共同性，你必须把自己强的东西先放下，才能跟别人取得认同。

怎样训练才能拥有系统知识？这是更大的挑战。众所周知，日本的品质、质量工程是由戴明的质量管理思想推动起来的。我们今天都认为，日本在品质和质量管理上依然是全世界可靠性最高的，大家都在谈论怎么向日本学习。但是你可能不知道，日本人在学戴明管理思想的时候，最注重的是构建整个组织的质量知识系统。戴明创造了一个知识系统，可以帮助组织构建系统知识。

那么，一个组织要拥有系统知识，必须具备哪些要素？

第一，全公司不是欣赏能人，而是欣赏整个系统。我现在很担心大家做人力资源管理的时候，总是将业绩高的员工明确地标识出来。不断地推崇明确地标识出来的业绩高的员工，有时候会伤害系统。真正让日本把质量做好的，不是哪一个人在质量方面非常厉害，而是全系统每个人都有质量的习惯。所以，第一个就是要学会欣赏系统。

第二，所有人都要懂得跟变动相关的知识。不是一个人懂，是所有人都得懂。

第三，整个公司要有知识理论。

第四，就是要有人类的心理认同——企业必须有人文精神。

这四个就是系统知识，大家可以检查一下你们的企业是不是具备。关于开放度，这是第二个条件。

怎样训练跨界合作？就像腾讯以资本开始展开跨界，接下来像腾讯大学一样以知识去做赋能，把边界打开，然后再回到市场去做业绩的跨界合作，当资本、能力、知识和业务模型组合起来，整个跨界体系就完成了。

最后一个形成开放度的要素叫协同共生。我在2018年专门写了一本书叫《共生：未来企业组织进化路径》。这本书告诉大家，我们今天其实是没有办法独立存在的，一定是要在一个共生的业态当中生存发展的。在这个共生的业态当中，各部分可以真正地组合起来，去创造更强的能力、更高的水平、更好的业绩。

内定力——不确定的是环境，确定的是自己

关于如何应对今天这样一个完全不确定的环境，我说过一句话：不确定的是环境，确定的是自己。人类之所以能够在这个大千世界当中作为一个物种存活到今天，是因为人类有一些自己很确定的东西，然后让自己的生存空间能够持续并且不断地稳定下来。

这种确定的稳定性还有一个好处，就是让你真的去理解世界。迷茫的人没有办法了解世界，焦虑和忧郁的人也没有办法了解世界。有些人问我："您觉得哪些人更有希望？"我说"简单的人比较有希望，想得太多的人其实没什么希望"。我们一定要有自己非常稳定的东西，才可以好好地感知世界。

那么，稳定的东西是怎么来的？

第一，你一定要有相信的力量。

1989年，全世界只有4万多人可以基于互联网来做工作。2018年，全世界基于互联网工作和学习的人有多少人？突破了40亿人大关。这个40亿人的增长只花了20年，甚至主要是最近的10年贡献的，而全球总人口突破40亿人大关，却花了几千年时间。

这也是为什么我今天要告诉你，你一定要有能力去从未知世界找到机

会，就是因为创造需求变成主要的方法。我们要有敬畏心和恭敬心。当一个人敬畏心和恭敬心不够的时候，是没有办法具有相信的力量的。比如说，如果你相信人在宇宙中是渺小的，你就会确信宇宙有更大的空间是我们不知道的，我们就要认真地去了解它，这就是你的敬畏跟相信之间的关系。

第二，一定要有长期主义。我们所有的内定力，都来源于把终极的问题想清楚。大多数哲学家的命都比较长，就是因为他很早就讨论最终问题是什么，这个就是长期主义。长期主义里面很重要的是什么？就是你愿不愿意把爱、信任和承诺融入美好当中。

第三，内定力最后一个表现是什么？就是坚持心。有人问我，"你给年轻人最大的建议是什么？"我说就是要有耐心——就是内定力。年轻人的学习力、创新力很强，但没有耐心的年轻人很难成长起来。

同理心——坦诚与倾听真的不容易

所有的商业都该回到生活，在我看来，"生意就是生活的意义"。一门好的生意，一定是为生活赋予意义的。

同理心是什么？就是你能不能站在别人的角度去建立信任。只有真正站在别人的角度，你才可以真正得到信任，真正地实现绩效。

我们该怎么样训练同理心？

第一，一定要尊重别人跟你的不同。尤其是对于新生代员工，多元、个性成为主要特点，尊重差异就更重要了。

第二，倾听和坦诚。讲一个神学院招生的故事。神学院招生对学生的基本要求是什么？一般而言，是能够倾听、呼唤、体恤和悲悯众生。

这家神学院最后一道入学考试题是所有人都没想到的。因为前面已经考了很多人，最后筛出四五百人，这四五百人已经是立志献身神学，而且是被选出来的极为优秀、坚定的。神学院安排入选者下午去听大主教上一次课，这次课上完之后就决定录取结果。就在他们去礼堂的路上，安排了一个非常凄惨的人坐在那里大声地喊叫："我太痛了，救救我！"结果400多人没有一个停留下来，大家的目的就是一定要听到大主教的课，结果400多人一个都没有录取。

我当时看这个案例时很受震动。这意味着什么？如果你有一个很强的目的，就是献身上帝、献身神，却不会真正地坦诚和倾听，那么，你就不知道真正的献身是倾听众生。倾听没有我们想象的那么容易，所以你的同理心没有你想象的那么高，你一定要认真地对待这件事情。

第三，放弃个人偏好。这个更难，我们很多人认为自己是有同理心的，但实际上我们很多自己的偏好是放不掉的。如果你不能放弃个人偏好，同理心就不会高。

思辨力——思辨的目的是整体利益最大化

思辨力关乎你是否可以驾驭矛盾。一个人既可以坚持立场，同时又能包容别人的观点，最后还能通过合理的、科学的推理和结论，不会人云亦云，这就是有思辨力的表现。

对于思辨力的培养，要求其实是很高的。

第一，能找到真的问题。日常管理当中浪费时间的很多原因，大多因为我们去处理那些不是真问题的问题。比如说我们常常在意员工高兴不高兴，其实员工高兴与不高兴跟绩效是没有直接关系的。研究表明，满意度跟绩效不直接相关。如果你希望整个公司是创新和打破原有习惯的，你就不能让员工有高满意度。在整个思辨力当中，最重要的是找到真的问题。某种意义上说，找到问题的能力比解决问题的能力还重要。很多人在管理能力上弱，就跟思辨力弱有关系，真问题没找出来，就会常常陷入虚假繁忙之中。

第二，跨界合作、知识赋能，要有共同语境。共同的语境，需要我们不断得到训练：一方面就是怎么表达、怎么跟人沟通；另一方面，在跟别人沟通的时候，要用科学的方法——论证和推理的过程都是合理的，这叫表达与科学方法论证，而不是比谁的声音大、谁比较赖皮或者不讲道德底线。

第三，把复杂的问题简单化。这个是最难的，在复杂的问题当中找到简单化，能够让问题真正得到解决。

更高的领导力取决于概念化的能力，用概念去解决复杂性。

第四，平衡冲突和对立。思辨不是证明谁对谁错，思辨的目的是整体利益最大化。我本人比较喜欢"冲突管理"这个概念，这是一个女性管理学家福列特在 19 世纪 90 年代初期就提出来的。我们为什么要平衡冲突和对立？大家记住，没有对立和冲突，企业就不会有活力，所以冲突是活力的来源。如果组织内部没有竞争，就不会有活力。关键在于，我们要把冲突管理好，不能把它变成破坏力。我们要拥有平衡冲突和对立的能力，最后才能实现利益的整合。

未来领导力从美感度开始，然后到开放度、同理心、思辨力、内定力。未来领导力并不仅仅是领导者才需要具备的，而是所有人都要具备的。

企业人力资源管理最重要的改变，就是从关注胜任力到关注创造力。从胜任力到创造力不是指领导者，是指所有的组织成员，所以这一轮的领导力建设跟以往不一样，新的领导力建设是普惠的，就是所有成员都需要具备领导力。

所有成员都要具备领导力，都能够真正地理解自己的现状如何、差距在哪里。我们在做这方面研究的时候，会开发一系列测试软件，希望能够帮助大家有意识地训练自己的未来领导力。

（2019-03-05）

要成为领导，先学会领导自己

导读：很多人无法真正成为领导，其实是他领导不了自己或者约束不了自己。通过训练你的认知和能力，你能够拥抱环境、拓展无限可能，做自己的领导者。

每一届戈壁挑战赛或亚沙赛出征，我都觉得是一个新的挑战。虽然每一届我们都要去那个地方，但实际上对我们自己来讲，每一届都等于重启，都在重新认识自己。

我们出发，是为了回家。这个"家"有几层含义：第一是我们所在的学院，这是你最重要的支撑；第二是各自的家庭，那是你另外一个重要的支撑；第三是我们的内心，那是自我的一个支撑。

我想跟大家分享的是，我们怎样去拓展自己的认知和能力，开启我们对自己的重新认识。

⊙ 要成为自己领导自己的那个人

我们很想成为一个领导者，但事实上真正能够成为领导者的并不多。《时代周刊》1987年11月刊的封面文章问"谁在掌管美国？"答案是"这个国家需要卓越的领导者，却没有人堪当大任"。其实我们在任何时候都非常需要卓越的领导者，但实际上我们认可的卓越领导者很难找到。

"领导力"这个词在19世纪末开始出现。在哈佛大学图书馆的索引里，这个词的索引有170多万条；在亚马逊上有关"领导力"的著作有18万本。所以可以想见，"领导力"被极度关注。我们之所以关注它，是因为我们大多数人都希望找到真正的领导，还有一部分人非常希望成为真正的领导。但事实上我们发现，无论要找到领导，还是成为领导，都不容易。

为什么领导如此的重要？而为什么如此重要的领导，这么难以找到呢？其中一个最重要的原因就是想真正成为领导的人，需要一个最重要的条件，就是你得领导你自己。很多人无法真正成为领导，就是因为走到最后，他其实领导不了自己或者约束不了自己。

对于企业家来讲，最后的挑战实际上是对自己的管理，而不是你去管理别人。如果要成为真正领导自己的那个人，我们需要的挑战到底是什么？我想这大概就是我们走向沙漠、走向赛道很重要的一个检验过程。

一起来看看西天取经的唐玄奘。他能够让人类拥有智慧，让文化穿越边境，让我们看到人与人之间真正的认同和内在的定力，就是因为他能够真正地领导他自己。

他用17年的时间走了5万千米，一个人一步一步地走完。在17年的时间里，他真正领导的其实只有他一个人，他所引领的智慧，已经没有国界、没有时空、没有所有的隔阂。他让我们的心性在一个共同的智慧引领下得以成长，让人类得以进步。这就是真正的领导。

我之前没有到阿育王寺的时候，对玄奘没有那么深的理解。当我第一次走到阿育王寺，我终于理解玄奘西行，以及玄奘本身所表达出来的最本质和最真诚的"以一己之力量的确可以推动人类进步"。

来到国发院，来到北大，我们常常说，最重要的是家国情怀，是独立，是自由，是担当，是民主，是科学。这所有的一切，核心就是我们如何推动人类的进步。所以在走向赛道的时候，我希望你能理解，这不是一个比赛，更大程度上是你对自己的一个认知过程。

怎样成为一个真正能领导自己的人？应该有两个训练：一个是训练你的认知，让你能够理解环境；一个是训练你的能力，让你能够拓展可能性。

很多时候，我们不能成为自己的领导，是因为我们对环境的把握不够。我们常常抗不住诱惑与挑战，接受不了更大的冲击，这说明我们的认知不够。我们不能够真正领导自己，常常是因为我们有局限性，很多问题我们无法解答。

事实上，如果你有认知就能够真正地拥抱环境，当你真正拥有能力的时候就会发现其实是有无限可能性的。这是戈壁挑战赛与亚沙赛给大家带来的一个很重要的训练，这也是我鼓励和支持大家参加这两个赛事的根本原因。

⦿ 你的认知能力可以面对一切挑战

我们怎么去理解认知？从 2018 年开始，我就反复跟大家讲，我们今天最关心的不是"不确定"，我们最关心的应该是"确定"是什么。因为"不确定"一定是存在的。在"不确定"一定存在的情况下，我们最需要做的就是把"确定"找出来。这就有一个很重要的要求，就是认知能力。

比如赛事途中下雨了，你没有带伞，没有做任何准备，肯定就会焦虑。但是认知能力够的人，就会告诉自己，这是我检验身体反应能力的时候。认知能力指的是你怎么认识世界，它依赖于你自己内在的心理条件。

如果你的认知能力足够，你对外部的所有环境、各种知识都可以接受，你自己本身就可以有非常强的概念来应对所有的不确定。今天，我们对认知的要求比以往任何时候都要高。

有一次，我在一个 500 人的会场讲话，突然停电了，会场瞬间一片漆黑，话筒没有声音，屏幕也不亮，所有人都非常紧张。但是我没有动，我的声音没有停，一直往下讲。当我在一直讲的时候，整个会场静到最后一排人都可以听到我说话，就这样延续了 15 分钟。之后电来了，大家都热烈地鼓掌。

我想这种反应与认知能力有关。当你遇到突然变化的时候，心里要有一个定力，这个定力来源于你自己的认知。你只要相信所有人会听你的声音，而不是必须要看到屏幕，不是必须看到你这个人，不是必须有电，你就可以一直讲下去，不受任何影响。

认知从定义上来讲，有五个方面的能力。

第一，言语信息。回答"世界是什么"的能力。

第二，智慧技能。回答"为什么"和"怎么办"的能力。

第三，认知策略。有意识地调节和监控自己的认知过程的能力。

第四，态度。也就是你的情绪反应。你要有足够的情绪稳定性，意识到自己的态度会影响你整个学习行为的过程。

第五，动作技能。协调你的肌肉和所有的动作的一致性。比如特别冷的时候，你会打一个冷战，那个天然的动作就在协调你跟外部的关系，在你内部调动了冷战之前的七倍的热量。你一定要相信，你的身体有非常强的力量，关键在于我们自己的认知要为此做出努力。

我希望大家能够有力量去面对外部所有的不确定。

我常常讲一个人——西西弗斯。他是一个触犯了天神的人，所以天神惩罚他。这个惩罚非常残酷，就是要他推一个巨石上山，在他快推到山顶的时候，神又把巨石打到山底，他只好重新推。他永远推不到山顶，他从此就在往复做这一个毫无意义的动作。在哲学上来讲，就是你在毫无意义当中，可不可以活下去？

西西弗斯的伟大就在于，他相信命运就是让他做这件事情，巨石掉下来，推到接近山顶，继续掉下来，继续推，他不再挣扎，他很安心地去做这件事情。所以他的眼中，不再是巨石，不再是大山，他眼中只有一件事情，他可以接受这个挣扎，不会再难受。他让这个巨石、挣扎和环境成为他生活的一部分，这个时候，他最重要的力量来源于他跟这些事项的共生。

我最近常常想到这个哲学神话故事，其实就是在想，我们今天遇到的一切，都是我们要接受的。

当你走向赛道的时候，一定会发现有很多东西跟你设想的不一样，有很多的挑战跟你准备的不一样，遇到的很多问题其实你想都没有想过。

可是当你很安然地去接受、接纳和拥抱它的时候，你告诉自己，这就是你要接受的。当你发现更多的人能够有力量超越你，你必须以一个很慢的速度，慢慢在这个赛道上走的时候，你也要接受。

你的重要性不在于别人比你跑得快，而在于你能够把自己的路走好。这就是认知的能力，像西西弗斯一样，所有的挑战对于你来讲，只是一种接受和一种必须拥抱的环境条件。

自从走上戈壁之后，我就非常佩服玄奘。我鼓励所有的同学都上赛道，希望你到那个地方亲自感受一下玄奘所有的努力。

当他功成名就，已经完全走到人生最高峰的时候，他是怎么做选择的；当他花五年的时间走到菩提树下，看到他最想要的结果竟然是虚无，这样的打击他是如何接受的；而当他跟当时所有的高僧辩经之后，没有人可以超越他，他已经到了自己穿过的一只草鞋都要被万人膜拜的时候，他是如何毅然决然地放下，坚持初衷，要取得真经回去。这所有的过程意味着他自己认知的清晰和他对世界的看法。

当你理解这一切的时候，你就会理解一个人真正的认知能力，可以让他面对一切挑战。我如果不是真的走过赛道，不会有那么深的感受。很多人问我，为什么你要一次一次地去，其实每一次都是一个重新清理的过程，可以重新认识自己。

⊙ 工作是一种修行

我有一个观点：工作其实是个修行。有人说，人生是个修行，我不认同。人生应该是一个旅行，因为我们并不知道终点在哪里，我们并不知道我们将遇到什么样的风景。如果你以一个旅行者的心态去度过人生，你的每一站都是最好的一站，这是我认为比较重要的一个人生态度。但是工作一定是修行，因为工作有三个特点，跟修行是一样的。

工作需要持续完善，每一天都比前一天做得好

这种不断地寻求工作品质和不断地努力去做的过程，就是一个"精进"的过程。在佛学的训练中，"精进"是达到开悟的办法之一。所以，你如果愿意一天一天地把工作做好，就已经在开悟的过程当中。很多人希望跑到深山去修炼，我觉得都不用，在工作中就可以修炼。

工作中最大的挑战是约束自己

什么叫职业化？职业化就是一个不断地向自己的个性挑战和斗争的过程。比如你喜欢很大声地讲，职业的要求就是，你要先听别人讲；你喜欢按照自己的意愿做事，职业的要求就是，你必须按照共同约定的方式做事；你喜欢把自己变得更加有价值，职业的要求就是，你必须成就团队。所以你会发现，职业化的过程其实就是一个磨炼心性的过程，而我们修行也是在磨炼心性。

所有的工作品质，就是你人格的呈现

你写出的文章，你做出来的事情，你完成的每一个项目，其实就是你人格的表现。如果你对自己"精进"的要求没有那么高，没有让你的每一

个付出都成为人格完善的一种表现，那你在修炼上还有很长的路要走。

所以我说工作是修行，它跟修行要的三样东西是一模一样的，这就是对工作的认知。

认知决定了每一个跟我们发生关联的东西的价值。如果你在认知上有足够能力的时候，你就会发现，每一样事情、每一个相遇、每一个过程……人生的每一步其实都是有意义的。

有人问我，现在要做什么才会对未来有帮助？我跟他说，把你能做的做到最好。这对未来一定是会有帮助的，我希望大家能够这样去理解认知。你在戈壁上不管遇到任何事情，都是对你认知的一个帮助，你接受它就好。

⊙ 要用更高、更有效的绩效来表达你的能力

我们怎么能够真正地理解能力呢？组织行为学最著名的学者克里斯·阿吉里斯（Chris Argyris）给了一个定义。能力是在需要与环境之间架起的一座桥梁，为表达需要提供了一个途径。

我为什么很喜欢这个定义？因为这个定义讲得非常有意思的一个地方是，能力是因为需要而产生的。如果没有需要，你很难有这个能力。

举个小例子，我在网上看到一个故事，一部小汽车迎面就要撞上一个孩子，孩子的母亲情急之下，奇迹般用双手把汽车顶住了。这不是神话，是真实发生的事。原因是什么？在那一瞬间，母亲的需要就是让她的孩子不被车撞，她所有的力量瞬间都爆发出来了。没这个需要，你再让她将车顶住就是完全不可能的事。

一定要记住，能力本身就是一种因为需求产生的东西。所以，对于能力，我们一定要以一个很高的标准来定义。

换个角度说，你应该用更高、更有效的绩效来表达你的能力。而这个更高、更有效的工作绩效，你如果把它作为需求的时候，就会发现你其实可以胜任非常多的工作。但是，假设你不是以一个更高、更有效的方式来表达你的能力特征，你真的就会能力平平。

所以，我常常跟很多年轻的同学讲，我从来不去预估你们的能力高还

是低，因为你们一定是有无限的可能。我们在戈壁里常常讲的最重要的一句话——你的能力超乎你的想象。

能力本身有两部分：一部分是指个性中较为稳定、持久的那部分，我们称之为稳定性的部分；一部分是指通常能习得的具体技能和能力，我们称之为动态性的部分。我们之所以可以让自己变得更加强大，就是因为能力具备动态性的这个部分。

能力有三个内涵。

第一，能力是一种可能性，它是没有边界的。比如你去走戈壁的时候，千万不要认为这四天你就走不下来，你一定能走得下来，只要你一天天走，一步步走。你也不要认为你从来没有写过东西，你就不会写，你要一个字一个字写，你就一定能写出来。

第二，能力是知行合一。我们一直强调，能力具有一种高绩效、更高可能性的特征。你得想，你得说，必须还要做，当你把这三者都做到的时候，你的能力就会呈现出来。

第三，能力是韧性和速度。既有韧性，又有速度，当这两个组合起来的时候，你的能力就会呈现出来。

⊙ 未来领导力——让每个人都有能力掌握未来

无论是戈壁挑战还是亚沙赛，我们之所以要参加，一是我们每个人的肩上承担着国发院的荣誉，我非常喜欢"共进不退"这个口号，表达出整个学院的精神。二是，通过这个赛事去了解一下你的边界，到底有多少可以突破，去理解一下我们日常完全遇不到的环境，你怎么去接受。

为什么我们要不断通过各种活动，让大家参与之后调整自己？因为我们这个时代的确是变了。我们要有能力去掌握未来，而不是有能力去证明过去。当我们有能力掌握未来的时候，就会发现我们所熟悉的这个世界其实是变化的。它不会以你曾经了解的样子存在着，它一直在变化中，而你曾经熟悉的世界已经不存在了。

所以，你每一次走到戈壁、走到沙漠，你会发现它的不同。当你理解你所熟悉的世界总是变化的，而你又能安然地跟它相处的时候，在我眼里你就已经成为一个领导者。因为领导者可以帮助我们真正地去感受所有的内容和我们所必须感受的东西。

  为什么要真正地训练你的领导力？原因就在于，领导技能，不仅仅是领导需要，我们未来的每一个人都需要。希望大家真正拥有能够领导自己的能力，未来成为真正的领导。

（2019-04-17）

管理者的自我认知与反思 ①

导读：每个人都希望拥有领导力，事实上真正拥有领导力、能成为领导的人却很少。领导者应该如何培养自己？

在我过去的研究中，我发现有一个人很重要，这个人就是领导者。但是，如此重要的一个人并没有像我们想象的那么容易得到。

美国《时代周刊》曾经问过一个问题，到底谁在掌管美国？他认为这个国家实际上需要一个卓越的领导者，但是没有人能够堪当大任。

从文献来看，领导力相关的话题在哈佛大学是一个非常重要的被索引的概念。领导力相关的书在亚马逊也非常多。领导力这个话题，关注的人很多，我们每个人也都希望拥有领导力，但事实上成为真正的领导的人并不多。

原因到底是什么？是我们本身天赋不够？是我们的机会不够？还是我们有一些问题，而且没有认真地去准备吗？

我持续做组织研究接近20年，发现这里最核心的是领导者本人愿不愿意成为一个卓越的领导者。

⊙ 领导者必须承担的三个责任

我们先从自我认知开始看。在这个问题上我们没有我们自己想象的准备得那么充分，也并不知道领导者真的很重要。我一直和企业家打交道，发现很多企业家并没有意识到他的作用：他在不同的时期对不同的人，对这个社会，对这个国家其实都是非常有影响的。

领导者非常重要，是因为他有三个责任是别人替代不了的。无论他的专业多强，无论他的努力多大，但是有些责任必须由领导者自己来担。

---

① 本文为2019年10月17日作者在"北大医学教育年度论坛"上的演讲内容。

决定组织的高效运转

不同的领导者管理不同的组织，效果真的是不一样的。也许你们会认为整个组织本身很重要，但是我认为，领导者真的是非常重要的。

我自己曾经两次空降到企业去做总裁，目的就是想证明组织管理理论是有用的。如何证明？我到了企业以后，保持企业所有的东西不动——不换员工，不增加投资，保持原有的产业，只是增加了自己这个懂管理理论的老师，空降来当总裁。

第一次空降，不到两年时间，我让这个企业从很小的规模变成行业第一；第二次空降，我让一个业绩下滑的企业恢复增长，而且保持住全球第二的位置。

如果你成为一个管理者，要记住你是非常重要的。你的第一个作用就是，你要保证整个组织是有效的。这个组织的有效取决于你本人付出的努力。

指引方向，鼓舞人心

领导者重要的第二个方面，是他能为所有人提供帮助，让每个人都可以成功。

在组织研究当中，有一个研究结论非常好玩：一个人在工作当中能否取得绩效，72%取决于他的直接上司，他本人决定绩效的比例只占28%。也就是说看你的命好不好，如果你遇到一个好的上司，你已经拥有了72%的绩效的可能性；如果你的命不够好，你遇到一个不好的上司，那你再努力，再伟大都没有用，因为你只能决定绩效的28%。

这是哈佛商学院的一个研究结论。如果你觉得你的下属很笨，只能证明你很笨，跟这个下属没有关系。

领导者非常重要，是因为他可以指引方向，可以鼓舞人心、重振希望，可以让一个普通的人变得不普通，让一个平凡的人变得不平凡。

摆脱危机

领导者重要的第三个方面，是在我们遇到危机的情况下，一个优秀的领导者可以帮助我们摆脱危机。

就像今天的华为，我想世界上没有哪一个企业会遇到像美国一个国家这么强大的力量来禁止它的发展。但是华为遇到了这样的危机，在2019年上半年的经营增长却比预期的还要好。

任正非讲了一段非常有意思的话："我认为现在是华为历史上最好的时期。华为的18万名员工，因为在世界上已经排到第一，所以他们已经开始懈怠。我正找不出什么办法让他们能够积极起来，好了，美国来了。美国带来这么大的冲击，反而激起了华为18万名员工的斗志，一致努力，一定要把这个关闯过去。"

这就是一个领导者，用他的能力和他的影响力，带领着大家共同摆脱危机。

我观察过非常多企业的领导者，无论大企业还是小企业，我最深的感受就是，很多领导者对自己本身的训练和教育不够，主要是在认知和能力两个维度。

⊙ 领导者需要认知维度的训练

为什么说我们在自我认知上的训练不够？因为我们在认知习惯上有三个偏差。

无法摆好对别人和对外界的关系

第一个偏差就是太过自我，也就是说我们实际上无法摆好对别人和对外界的关系。

比如，作为老师，我们遇到最大的挑战是，今天的年轻人坐在下面听课的时候，你不知道他在想什么，他总是定定地看着你，表情很迷茫。为什么他看你的眼神是空洞的？因为他不认为你有能力跟他对话。今天，老师和学生之间的知识差距确实是在变小。以前我讲课心里都是很定的，因为我在这个领域研究了30年，我读的书一定比学生多。但是今天你会发现不一定。我就遇到过一次挑战。

这次挑战来自一位90后学生。我上课的时候采用了一个数据，这个学生站出来说："老师，你这个数据错了。"我问为什么错了？他说这个数据昨天半夜三点钟换了。我说："你不睡觉，在干吗？"他说："他们都说你很厉害，我就决定今天要找到你的毛病，所以我昨天就想尽办法，我想你肯定要引用一些数据，数据现在是动态的。"然后我说："那这个数据条对应的道理你听了没有？"他说："既然数据都不对了，道理就算了。"

下边学生开始鼓掌，这个课就很难上了。

作为老师得进步，得摆好和学生的关系。我第二天上课就聪明了。我说，我今天上课要用一个数据，我请大家先给最新数据。然后，我再开始讲道理。

所以，今天即使作为一个老师，在某个领域比学生沉淀得久，很多东西可能知道得比学生多，但是他们可以借助于技术来挑战你。

摆好和别人、和外界的关系，是很重要的一个自我要求。事实上，这个关系是动态的，你不能说我今天摆好了以后就一直好，不是的，因为别人和外界在变，而且变的速度比我们还要快。

依照自己信仰的真理做事，但信仰真理和真理永远有差距

在自我认知中，事实很重要。大多数人做事依照自己信仰的真理，但是信仰的真理与真理永远有差距。一个人和另一个人在研究、管理或者实践中真正的差距，在于能不能离事实更近一点。

近期，有一个人又想在中国香港折腾一次，这个人叫索罗斯，在1997年的时候，他就是用他的对冲基金引爆了亚洲金融危机。所幸这次危机走到中国香港时，被我们用"狙击战"打败了。但是新加坡、日本、泰国受到巨大冲击，亚洲金融危机对整个亚洲经济的影响长达十年。有人问索罗斯，为什么你可以凭一个人、一支基金就引发整个亚洲的金融危机？他讲了一句话，这句话给我留下深刻的印象。他说："认识机会和机会本身有个时间差，这个时间差就是我的机会。"

当我们去了解自己认识的东西，我们一定要不断地告诫自己，它跟真实之间会有一个差距。你要立足于让自己与真实之间的差距尽量小一点，这个时候你才能够真正理解什么叫作事实。我们很多时候其实就受限于对自己信仰的东西的坚持或执着。

我其实也是不断地吸取教训来要求自己做调整，这样我才可以在企业经营中不断地接近市场的真实，才可以回到研究中不断地接近组织管理的真实，才可以回答我们看到的一些问题。否则，我们可能就会固守自己的东西。

当经验不变而事物改变时，经验就成为绊脚石

固守经验就是第三个偏差。你固守的东西一定会形成经验，但事物是变化的，所以经验可能就会成为绊脚石。

北大有一句话叫"守正创新"，"守正"很重要，"创新"同样很重要，其中很重要的就是不能让你的经验成为绊脚石，因为外界一定是变化的。

所以，你能否成为一个好的领导者，取决于自我认知上的三个方面：自我、事实、经验。

⊙ 领导者需要能力维度的训练

我们有非常大的潜力，但是经过中间这一堵墙或者这个棱镜，最后得到的结果比潜力小（见图2-1）。人都希望自己的潜力被激发，希望得到的结果比潜力大。可是，为什么结果往往比潜力小？

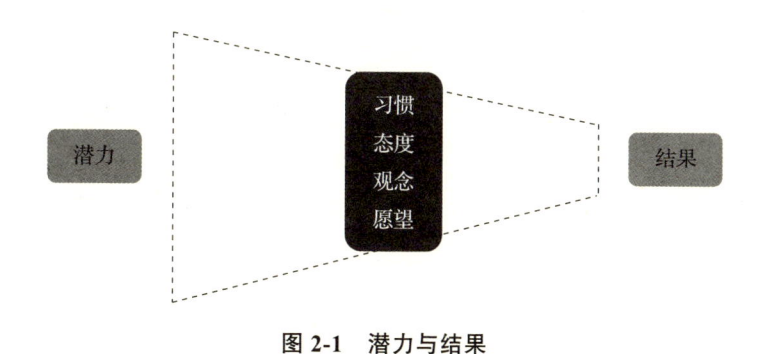

图 2-1　潜力与结果

习惯

你的学习习惯、认知习惯、工作习惯、生活习惯，决定了你的潜力和结果的关系。

我们蛮多的习惯其实不够好。比如说，我们只相信自己看到的东西。

但是你一定要知道，有很多东西实际上没有被看到，但它确实存在。又比如说，我们很多时候只相信我们自己的经验，但是事实上，今天的很多问题跟经验没有关系。如果你不调整你的习惯，你的潜力就会被压制，你不会得到一个好的结果。

态度

大家都知道负向的态度不好，所以我们要尽可能地调整自己，避免有负向的情绪。我们更多人是中性态度，即无所谓的态度。但是大家记住，中性态度会让你没有任何作为。因为你无所谓，因为你不在乎，因为你遇到障碍的时候既不负向也不积极，你的潜力就被抑制了。

观念

你相不相信创造是可以带来价值的，你相不相信团队是可以帮助你成就价值的，你相不相信努力付出就会得到结果，这就是观念。我们在观念当中，在无意识当中，其实已经不相信很多东西。所以，我们一定要致力于做教育，因为教育有两个最本质的基础功：一个是信仰的养成，一个是习惯的培育。

我是一个一直从事教育的人。我去企业当总裁，给对方提出的要求只有一条，就是我必须兼职做 CEO，不能全职，因为我的另外一个身份一定是大学老师。我为什么如此热爱教育？因为我认为教育这两个基础的功能对所有受教育者都有巨大的帮助：如果你具有信仰的能力，你就不会这么焦虑，不会这么不笃定，不会这么人云亦云；如果你养成一个好的习惯，懂得自我学习，懂得开放，懂得约束，那你一定会让你的人生和生活都变得非常健康。

如果我们在观念当中相信教育有这个力量，教育就有这个力量。如果你不认为教育可以承担这个责任，完成这个使命，拥有这个功能，你就得不到教育的结果。

愿望

最后一个就是愿望。你对自己的愿望，对学生的愿望，对这个社会的愿望，是朝着美好想，还是朝着压力太大、障碍去想？如果你的愿望不是美好而是障碍的话，结果也会很小。

我们每个人心中的这个部分由自己决定。很多人来问我，特别是年轻的学生，他说陈老师，是不是要靠命，我才可以在这个社会中找到最佳的机会？我说跟命没有关系，跟你自己对这四件事情怎么安排有关系。

有句话我觉得特别好：我们最大的悲剧不是任何毁灭性的灾难，而是从未意识到自身巨大的潜力和信仰。这句话不是我说的，但是我完全认同。我们一定要相信自己有巨大的潜力，有对教育绝对的信仰，有对知识绝对的信仰，我们就可以创造非常高的价值。在自我认知方面能够做到这一点，我们就会有很大的机会。

⊙ 领先企业的领导者特质

我在1992年给自己设定了一个长达30年的研究——研究五家中国企业的变化，每10年一个周期，去分析这五家企业发展变化的规律。到2022年，第三个10年的结果就会出来。

当我决定做这个研究的时候，很多人跟我说，陈老师你这个研究赌得太大了，30年很可能会淘汰掉一些企业，那你不就白白研究了？但是我自己有一个很坚定的东西，我认为中国一定有企业能够持续活下来，而这个活下来的创造或依靠的理论，会让我们有机会为世界贡献新的中国理论。还好我比较幸运，这五家企业现在都活着。这件事情真的不容易。

这五家企业分别是海尔、华为、TCL、联想和宝钢。我当时是从上市公司、非上市公司、市场化企业、非市场化企业、民营和国有多个维度来选择的。

1992年到2002年的第一个10年，我发现它们能够成为领先企业的第一个原因，就是他们的领导人具有行业英雄、企业领袖的特征。我用了一个词，叫"英雄领袖"。也就是说它们的领导人是个英雄领袖，他们引领这些企业成为第一个10年中国领先的企业。

第二个10年它们都在做国际化。第三个10年还没结束，海尔已经是白电全球第一，华为已经是通信领域全球第一，联想是PC电脑全球第一，

TCL在黑电这个领域、在液晶面板中并行全球领先的位置，宝钢现在在钢铁材料这个部分也是在全球领先的位置。不到30年它们全部走到全球领先的位置上。为什么？其实最重要的是领导人，它们的领导人都有一个最大的特点——英雄领袖。

英雄领袖最大的三个特征，就是对行业要作贡献，对国家、民族要有担当，对员工要有培养发展的意愿。当他们做这三件事情的时候，就不断地推动整个行业进步。

这五家企业的领袖给我最大的启示，就是他们不断地引领行业的战略，而不是只想着自己的企业。我在1992年从3000家中国本土企业中选择这五家企业的时候，它们的规模都还很小。我选择这五家企业，因为它们不只考虑自己的企业，还考虑整个行业。因为只有行业进步，个体的企业才会进步，这是一个根本性的逻辑。

这五家企业的领袖给我的第二个启示，是他们从不满足于原有的市场，而是不断地创造新市场。因为只有你能不断地服务市场，不断地服务顾客，不断地扩大市场的时候，你才可以做到行业领先。

他们给我的第三个启示，是他们很慎重地决策，不是随意地冒险。他们很清楚自己是一个领先的企业，他们的决策会影响到整个市场。

他们给我的最后一个启示，是他们真的在培养人——不断地创造学习机会，致力于培养人才及其技能。

⦿ 领导者需要拥有认知世界与未来的能力

作为一个领导者，你不能只是满足于会做自己的事情，你要对这个世界和未来有认知的能力。这是一个非常重要的能力。

西点军校对于领导力发展的诠释是：最重要的是认识自己的能力，以及多视角看待世界的能力。你得多视角去看，如果单视角看，你就不会成为一个领导者。

我有些时候比较担心，我们有些专业背景很强的人会有一个缺点，就是多视角不够或者跨界的包容度不够，能力就会受到局限。这是一个我们都需要关注的部分。因此，我们在今天最大的挑战是，我们熟悉的世界已经不在了，我们要学习掌握未来。

中国建成社会主义现代化强国最大的目标，其中一个就是人民健康。在人民健康这件事情上，一定是从治疗转向保健，这会是一个巨大的整个领域的调整。对医学院的老师来说，可能你熟悉的世界真的在变。你可能熟悉治疗，但是你有可能不熟悉预防，不熟悉健康。如果你不熟悉，那你对未来的看法、你的发展前景可能就是有局限的。

我们一定要告诉自己，熟悉的世界真的不在了，我们要有多视角看待、了解世界的能力。

所以，我在组织管理当中，请大家注意"未来已来时，你与世界的关系"。

比如，未来世界有20个领域被人工智能完全覆盖，其中医疗占的比重非常高。如果按照麦肯锡的报告，2036年今天所有的行业都会被人工智能覆盖。那么2036年我们能做什么？这就是未来已来。未来，你会遇到一个"新人"，这个"新人"叫机器人，你怎么办？你要和机器人一起工作，还是被它替代？

我曾经写过一篇文章，题目是《这次知识革命，淘汰的不是工具，是人！》。我并不担心机器像人一样思考，而是担心人像机器一样思考。医疗医学有可能是最快被技术深入渗透的地方，在医学教育中，我们必须面向未来布局，让人们继续引领这个世界，而不是被淘汰掉。

面向未来，要知道四个最重要的词：技术、数据、创造和智慧。要真正理解这四个关键词所产生的影响和价值。

拥抱未来，我们需要全新的认知、创造与智慧。这些并不是口号，是对我们提出的实在要求。如果不能把我们的经验，把我们对事实的固执，在自我的认知中做调整，我们就没有办法真正多维度地去接受外部的变化。如果我们不能创造属于人的价值，属于我们自身的价值，那我们的的确确就会被很多东西替代掉。

我曾经在顺德服务过两家公司，一家是房地产公司碧桂园，一家是家电公司美的。这两家公司都进入了世界五百强。我陪伴它们的时间非常长，我最深的感受是，这两家公司现在都在做同一件事情。

碧桂园已经把自己变成机器人公司，生产所有盖房子的建筑机器人，

2019年开始，数万个建筑机器人陆续上岗。而美的认为，大型制造业生产线上的所有人必须改成机器人，所以收购了全球机器人巨头库卡。

为什么这两家世界五百强公司最后都要把自己都变成机器人公司？我想这就需要我们讨论的：究竟是什么在创造价值？

我认为，这两家公司把自己调整成机器人公司有两个原因：第一，因为人有情绪，情绪会影响效率，影响质量，而机器没有情绪；第二，人需要创造力，不能固化在一个岗位上，但是很多岗位是要固化的，要遵循基准。

创造的概念就在这里，智慧的价值在于处理冲突和矛盾。

⊙ 领导者要致力于生长

我们最重要的是致力于生长，关键不在于我们今天多强大、多优秀，而是未来我们能不能生长起来。

你有没有生长的信念，你愿不愿意成为某个领域的领导者？你能不能吸引你的伙伴？你可不可以建立真正的顾客热情？你能不能真正地作为新生活方式的领军者？你愿不愿意以高度的热情去发展别人？同时最重要的，是让自己可持续。这是我们致力于生长最重要的部分。

教育是唤醒自我觉知的过程，祝愿所有教育工作者都走在自我觉知的路上。

（2019-10-21）

生命是一条自我觉知之路

导读：生命有起点，也有终点，在起点和终点之间就是一条自我觉知之路，在这条路上我们需要真正理解人生的价值是什么？怎样才可以创造人生的价值？

每次跟戈壁相关的活动都会让我比较激动，因为我不是一个特别能做长距离或者激烈运动的人，但是走了戈壁之后，开始发现自己还是能够有所改变的，所以我特别感恩戈壁。

⦿ 玄奘最深的意味是西行，更是东归

我们走入戈壁的时候，是不是真的了解玄奘？我自己本人真的是走进戈壁之后认识玄奘的。最早，《西游记》里边我最喜欢的是孙悟空。后来年龄再大一些的时候，我发现其实比较好的是猪八戒，人很快乐，也很幸福，还蛮有福气的。我一直没有跟玄奘，也就是唐僧这个角色有过很深的交集。当我真的走进戈壁，在阿育王寺前，我才开始理解玄奘意味着什么。

有很多数字可以用来表达玄奘，人们也有很多对他的感悟。玄奘的西行是从瓜州开始，当他开启这段路的时候，他是很纯净、很明确的。所以想到戈壁，想到玄奘，我们会想到"一步一慈悲"，想到安静和纯净，一个人的力量。

但是，我们更应该看到的是他的东归，不仅仅是他的西行。因为在他东归的时候，他已经被人誉为先知，哪怕他的一双草鞋，都要被无数的信徒亲吻、供奉，他已经成为影响世界、享誉天下的人。即使在这种情况下，他还是告诉自己回到初心，所以他放弃这一切，毅然决然地东归。

玄奘西行时是偷偷走的，可以说是以躲避、逃难的形式出走的；可是等他回来的时候，是长安水扫大道隆重迎归的。在以这样身份回来的时候，

他也没有为之所动，依旧是认认真真地去做他最初要做的事情，让经普惠于大众。

他所翻译、著述和解释的经卷的数量，是我们任何人都想象不到的浩大，而且他还倾听皇帝的要求，又写了一本整个的西行记录。当他安然离去的时候，他已经把所有的事情都完成了。

这就是玄奘。我想这就是我们走进玄奘、走进戈壁，最应该理解的地方。

我自己在经历过的四届戈壁挑战赛中，认知上一步一步地贴近他。当你不断地去靠近他的时候，你才可以知道，你真的理解的到底是他的什么。

我们应该问自己两个问题。第一个问题就是向西行，为什么出发？第二个问题是，东归的时候，以什么而归？

国发院"戈14"的主题是"回家是一切出发的理由"，我觉得这是一个很好的主题。回家之后，我们收获的是什么？我们除了掉脚趾盖，除了带着伤痕，除了拥有戈友的情谊，我们在认知与理解的层面上，到底得到了什么？我们怎样把戈壁挑战赛所得到的一切融入未来的创造和价值当中？也许这是我们更应该追问的。

⊙ 西行：起点——给生命一个自我支撑点

从西行的角度来讲，它就是个起点。我觉得人生需要一个起点，起点的意义就是你要给自己一个支撑点。

我们非常感恩这个时代，因为这个时代给了我们这个起点；我们非常感恩能够运用知识，因为知识给了我们一个起点；我们非常感恩自己的团队，因为团队给了我们一个起点；我们也非常感恩家人和朋友，因为他们给了我们生命的起点。

这些所有的感恩汇集到你自己身上的时候，你一定要有一个更重要的东西，就是自我的起点到底是什么？如果你的起点不能建筑于你自己的身上，不能找到一个属于你自己的支撑的起点，那说明你的生命实际上一直是没有起点的。

也许我们已经有了丰富的经验与成就。可是，你回问生命起点的时候，能不能找到它？我想玄奘在他长达17年的努力当中，一直能够回到他最初的这个点上，就是因为他生命中有一个很清楚的起点。这个起点能支撑他就这样去走，这样去回，这样地贡献他的价值。

人生其实是一个向往。就像我们非常多人会向往来到梦想中的大学，和每一个著名的老师相遇，和每一个可爱的同学相遇，这是一个向往。当有这个向往的时候，你就会开始去找自我的支撑点。

所以我常常跟同学说，你要有对未来的想象和追求，你要有对美好的渴望和追求，你也要有对爱的渴望和追求。这样，你才可以找到生命的支撑点。

我们在人生的支撑点上，在生命支撑点上，可以内求，也可以外求。从内求的角度来讲，你要安好你自己的内心，这是从佛教的角度去看；但是我们也有更积极的、入世的态度，从儒学或者从更多科学的角度来讲，你也可以从外求，因为你可以通过不断地奋斗去获取人生的支撑点。

无论是外求还是内求，你一定要有一个生命的支撑点。玄奘是内外求兼容，他既有对于目标高远的渴望——他要为人类去取一部智慧之经，也有安于当下的一步一慈悲的能力。当他内、外的生命支撑点兼容的时候，我们可以看到，一个人的力量及智慧和知识所带来的成就。

你的生命支撑点到底是在哪里？你是内求得到，还是外求得到？

在戈壁挑战赛当中，我们大部分人是通过外求把这四天走下来的，我就是其中一个。从我内在的力量当中，我一定是走不完这四天的，可是当我在四天当中看到团队，看到教练，看到队医，看到学校的大旗，看到大帐，听到周围所有的掌声和鼓励的时候，我就能够一步一步把它走完，这是外求给我的力量。

在整个戈壁挑战中，我们最后发现，每个人都可以走完，只要你相信你能走完，这时候就是在转向内求。

我几乎到任何一个学校都鼓励大家去走戈壁，不是因为这是一个竞赛，是因为这个极限环境下你既可以理解外求，也可以理解内求。你会发现单纯就好。

那么，我们"西行"的目的是什么？就是为一切有意义地设定一个起点。

比如卢梭，他构建社会契约论逻辑的起点，他认为社会有三个最重要的起点：自然状态、自然权力观及人性论基础。

彼得·德鲁克，在管理学当中，他被称为大师中的大师，管理之所以成为科学，他是最重要的贡献者。彼得·德鲁克能够做出巨大的贡献的原因是什么？是因为他对于管理学有一个清晰的起点，这个起点就是，管理的本质首先而且必须是在于行，而不是在于知。

他之所以能够创造出一系列的理论，并构建出管理的科学体系，就是因为他对于实践作为管理学研究的起点是很明确的，所以他没有受任何的干扰。我们今天所学的管理理论体系当中重要的一些基础概念，是由彼得·德鲁克贡献的，包括我们今天谈知识员工，也是因为他看到实践中知识员工对管理绩效的推进所带来的结果。

乔布斯，我们都很喜欢他的产品，我们也知道，苹果手机出现之后的一系列的改变，这个改变不仅仅是简单的一个技术，不仅仅是简单的一个设计。原因就在于，乔布斯自己有一个非常重要的起点，这个起点就是他认为，你只有认为你的工作是一个非常伟大的工作，你才能怡然自得。

这个伟大来源于什么？来源于他认为，人类的创意来源于对于人类缺陷的弥补。如果你能够去弥补人类的缺陷，你的工作一定是非常伟大的。

华为，今天，我们都知道它作为一个企业所承受的压力，几乎是我们不可想象的。但是我们依然看到它 2019 年第一季度的强劲增长，原因是什么？原因是华为永远的一个起点，就是它一直问自己，下一个倒下的会不会是华为？这样一个以自我革命、自我危机意识来推动的企业，一个以"只有成长，没有成功"为逻辑起点的企业，我们相信它是可以承受任何未知挑战的。

所以，当你给生命自我支撑点的时候，无论在各个行业、各个领域从事各种工作，你都会对这一切赋予意义，这个起点会让你的一切具有意义。

给生命自我一个支撑点，我想应该做三件事情。

第一，体认。走过戈壁的人，如果你走过两届，走过三届，走过四届，我相信你的体认是不一样的。因为每一届的天气不同，队友不同，你的心情不同，你的体能不同，你自我的认知不同。所以你一定要不断地去体认它，当你能够体认的时候，你才可以看清自己生命的支撑点。

第二，融入。能够顺利走完戈壁的人，其中一个很大的共性就是你要和那个环境相处，你的脚趾盖没有了，你也得告诉自己它还在，你得想象着它在；当你发现天气非常热的时候，你也得安然和这个天气相处；当你自己觉得心烦意乱的时候，你也要跟心烦意乱相处。你必须真正融入，才可以找到支撑点。

第三，单纯。你只有真正单纯的时候，才可以真正倾听到这样的生命支撑，它来源于什么。

"西行"可以是一条自我觉知之路。你能够自我去觉知的时候，你已经开始找到你生命最重要的那个支撑点。

在这样一条路上，你的生命是一个自我觉知的路，这样的一个自我觉知，就包括你体认、融入，以及你能够真正的单纯。

爱默生说："人的一生就是进行尝试，尝试得越多，生活就越美好"。

如果你愿意去融入，你会发现，"假如生活欺骗了你，不要忧郁，也不要愤慨！不顺心的时候暂且容忍：相信吧！快乐的日子就会到来。"这是普希金说的。

如果你愿意真正地去单纯，正如拿破仑所说，"人生的光荣，不在永远不失败，而在于能够屡扑屡起"。

⊙ 东归：终点——给生命一个自我落脚点

了解了西行的意义，再来看看如何理解东归。我虽然一直强调，对人生的理解要用更加开放的心态，但是我们假设，它还是有一个终点。设置这个终点的目的是什么？是给你的生命自我一个落脚点，也就是最后你的生命落到哪里。所以我才问大家："东归，你以什么而归？"你应该为你的生命去不断地寻找落脚点。

我们看到玄奘，他落到了每一部佛经之中，他落到了每一个故事里边，他落到每一个人向善的力量里边，他落到了我们每一个人对自我觉醒的共鸣之中，他的生命就这样落下去。希望我们在人生"东归"这条路上，给自己生命一个落脚点。有这样一个落脚点，你会觉得很安全，你也会得到真正的幸福和永续。

这样去理解人生的落脚点，你最大的感受是什么？大家记住：不是终止，其实是永续；不是停止，其实是运行。你真正能理解这样的一个永续，其实就是你真正的终点。

所以，在戈壁挑战赛回归日，我认为我们每一个人都更向善，更能够理解团队，更能够克服困难，更加相信自己、相信梦想、相信超越。希望这样的能量能够在你内心中升腾起来，不断融进你日后的生活当中。

我一直认为，人生没有目的，因为一个目的完成之后，另一个目的就会出现。虽然人生没有目的，但是人生有意义，而其意义就在于价值创造。所以，人生的终点，其本质是：人生是一种永续。

我特别喜欢冯友兰所讲的人生四重境界，他说，任何的人生，都可以展示出四种境界：自然境界、功利境界、道德境界和天地境界。

这就是我为什么特别鼓励大家去戈壁的原因。在戈壁当中，如果你的体力不是特别好，你还真的必须拉着一个人陪你。只剩下两个人的时候你就会发现，天地之间是什么概念。天地最大的特征是什么？其实就是人很渺小，天地很大。你看看四重境界的起点和终点的逻辑：从自然境界最后又到天地，中间其实是我们人在里边。

那么，我们"东归"的目的是什么？让一切的意义都能够永续。最重要的是什么？你能不能理解你所从事的工作、你所做的东西？你怎样真正理解什么叫作琐碎的生活、烦琐的无聊？你怎样理解真正的幸福是什么？你能不能真的去理解我们人生的意义完全是由自己做出来的？更重要的是，你是不是能够真的理解我们和别人之间的关系？

我每次在讨论人生的时候，特别强调"共生"这个概念，原因是什么？我们在讨论人生意义的时候，会想到乐队是最佳的一个形态，你自己演奏做到最好。

乐队成员与乐队的关系就是人生的一个特征，这个特征就是：你做到最好，你可以非常自由；你帮助别人做到最好，你可以得到更大的自由。其实这就是人生最重要的一个状态。

东归是为人生找一个落脚点。我们应该懂得三件事：第一个叫初心，第二个叫共生，第三个叫幸福。这三个东西是我们生命自我觉知之路的另外一个部分。

⊙ 这条路

人生的价值是帮助了多少人成长。

生命一定是有起点、有终点的，起点到终点之间就是一条自我觉知之路。在这条自我觉知之路上，当你走到东归这一边的时候，希望你能够真的理解你的价值是什么。

如果你的生命一直跟时代的崇高责任联系在一起，那么这就是你的价值。我们一定不能够辜负时代赋予我们的使命，一定要很珍惜我们能够在这个时代创造的价值。

怎么能够真正创造？你需要有一个共生的逻辑——你是不是真正可以把自己的生命寄托在他人的记忆当中？

我们在国发院的 MBA 项目里有一个一对一的企业导师计划，我非常感激这个计划。我们现在已经有超过 300 名企业导师服务于 300 多位 MBA 同学。当我第一次启动导师计划，有 100 位企业导师参与这个项目，我跟他们做了一个感恩的表述，我说其实一个人的成功，不取决于你做了什么事情，也不取决于你自己取得多大的成就，而是取决于你可以帮助多少人，让多少人做了什么事情。在一对一的导师服务当中，你至少在帮助一个人成长的时候，其实你已经走在成功的路上。

当你拥有共生逻辑的时候，你一定会感受到幸福，因为幸福不是一个自我的概念，幸福其实是一个献身的概念。爱一定是没有索取、不要回报的。你真的能感受什么叫作真正的爱，那才是真正的幸福。

在讨论这条路的时候，我们其实就种了一棵树。当你把这棵树种下的时候，你可以看到千百年后的结果，可以憧憬人类的幸福。

玄奘当年就是起步去种一棵树，一棵智慧之树。千百年后，我们也因此得到了智慧的加持。我想这也恰恰是我们在走玄奘这条路的时候，最能够感受的东西。

在这个过程当中，我为戈壁写了好多歌。我还给国发院戈壁挑战赛的团队写了一首歌词。我很荣幸跟金勇同学合作，他谱曲，我作词，歌的名字叫《这条路》。

我认识了一批人，他们也走在这条路上，用技术加持，让中国西部的偏远的同学能够享受东部最好的大学资源，所以就有了中国东西部高校联盟与智慧树共同打造的"在线大学通识学分课程"，所有的学分课都是免费的，现在在线学习的学生累计接近5000万人。我认识他们之后，告诉我自己：我也要参加做一门课程。教育很重要的是要推动公平，这条路他们走了6年。

所以我想告诉各位，6年、5年、17年，如果你愿意，有起点，有终点，这条路一定能帮助到非常多的人，而最重要的是帮助你自己，安好自己的生命起点，安好生命的永续，这才是我们"西行·东归·这条路"的真正含义。

人生是一场很奇特的旅行，它的奇特在于它所有的未知——未知的路、未知的外部世界、未知的你的内在力量，以及你因为发现未知带来的一切美好。这也恰恰是我们喜欢戈壁挑战赛、喜欢各位戈友的原因。预祝大家一切美好。

（2019-05-28）

第三部分

认知数字化时代管理

激活个体与组织①

导读：企业领导者要学会有目的的放弃，放弃你过去的经验，放弃你的核心竞争力，放弃你自己认为沾沾自喜的东西，放弃你的一些习惯，甚至放弃你在公司当中不可撼动的领导者的地位。

在过去6年中，大部分企业都面临外部环境和技术的挑战。我们都像小孩子一样，知道前程很光明，未来空间很大，但也充满了疑惑。

⦿ 跨越鸿沟

沿着旧地图，一定找不到新大陆。

变就是机会

6年前，我们说得最多的一个词就是"变"。当时我就告诉大家，如果我们能够"变"，能够与变化共舞，我们是有机会的。可到3年前，我们就不能只讲"变"了，我们会讲另外一个词——"不确定性"。

"不确定性"跟"变"差异到底在哪里？它变得更复杂、更多维，更不可预测。

比如，看到美国总统选举、英国脱欧、各种产业被调整，我们会觉得，好像自己连预测都不能做了，看到的就是"黑天鹅"满天飞。我们理解了"不确定性"是不是就可以了呢？又不行，去年开始，我们讲得最多的一个词叫"数字化生存"。连"不确定性"好像都不太够了。

今天在做任何商业活动时，都要加"时间轴"

"数字化生存"最大的可能是什么？它到底调整了什么东西？

---

① 本文为2018年2月27日，作者在"亚布力中国企业家论坛第十八届年会"上的主题演讲。

第一，技术。今天的技术层出不穷，我们还在谈互联网的时候已经觉得落后了。我们开始谈物联网，在谈物联网时觉得又落后了，我们要谈 AI。我们谈 AI 好像又落后了，我们要谈生命技术。技术迭代的速度非常快。

第二，速度。技术普及的速度非常快。所有的新技术，你在谈论它时，你会发现它已经改变了你的生活，它已经在你的生活当中被呈现。普及的速度变得非常快。

这样的变化导致了今天在做任何商业活动时，都要加"时间轴"。

三个周期都在迅速缩短

为什么"时间轴"一定要加进去？因为三样东西以不可思议的速度在缩短。

第一，企业的寿命。

我曾经用十年专注做中国管理杰出奖的评选，2017 年刚好是第 10 年。在 2016 年之前，我在评中国最好的管理杰出模式时发现，入选的 8 个企业基本都超过了 15 年、20 年的生命周期。但 2017 年我遇到了一个巨大的变化，入选的 8 个企业中有 5 个创业时间没超过 5 年就成为杰出的企业了。

今天的企业寿命跟我们想象的不一样，以前讲一个企业的品牌，要 50 年、100 年来见。今天一个品牌让全世界都知道只需要两年，甚至一年，例如共享单车、滴滴，时间非常短，这是一个变化。

第二，产品的生命周期。

最典型的是手机，它的生命周期非常短。

第三，争夺用户的时间窗口。

今天讲得最多的一个词叫"碎片化"。我自己是知识工作者，知识工作者最大的挑战是怎样跟碎片化组合。

底层逻辑正在改变

很多时间都在以前所未有的速度在缩短。这使我们要清楚地知道一件事情——今天，任何行业与产业都出现了"断点"。在工业化和数字化之间有一个断点。那么，什么是"断点"？就是任何产业都是一个非连续的概念。也正因它是非连续的，所以我们会看到一个非常有意思的东西，今天大部分商业的底层逻辑都在变化。

以前的底层逻辑源于工业逻辑，我们认为增长一定是线性的、可预测的。但今天，我们其实是没办法预测的。

在这种情况下，我们发现技术使跨界和增长发生了改变，这种改变就像比尔·盖茨说的那样，我们常常高估近一两年的变化，却低估了较长时间的改变。这些改变一旦出现就是突变。

⦿ 底层逻辑变了，一切都要变

大家一定要特别注意那种爆发式的增长，这是你一定要非常小心的。在技术力量的驱动下，变化超乎想象。正是底层逻辑的改变，让价值创造和价值获得的方式变了。

新零售的三要素

我最近一直在关注零售领域。它最大的变化是什么？我们以前讲零售，就关心三个最重要的核心价值：货、场、人。开店一定要选在人流中，一定要有琳琅满目的货，一定要把现场管好。

但"断点"出现，新零售说的不是这三样东西。新零售最关心的是什么？

第一，物流。新零售最关心的不是人，而是物流。

第二，体验。新零售不关心场，它关心体验。非常多的新零售都涉及餐饮，原因就是有更大的体验。

第三，方便。新零售也不关心货，它关心怎么提供方便。如果我能把所有的货没有边界地提供给你，提供这个方便的时候，就改变了零售最核心的三个要素。

当新零售把人、货、场这三个要素改掉时，数字化就带来了无比的美好。零售行业被断点打开之后，它被重新定义焕发出来的爆发式增长是超乎想象的。新零售带来的新价值，使这个历史最悠久的行业发生了全新的革命，在技术的帮助下焕发青春。价值创造和价值获取的方式完全变了。

如果你还用传统方式去做零售，你就没有机会。今天无论是阿里、腾讯，还是京东，他们以全新的方式进入，整个零售市场就被全部调整了。

创造方式和获取方式全变了

这指什么？就是价值创造和获取方式都变了。我希望大家了解你所在的领域和行业重新定义的是什么。下面这四个要素全变了。

产品。从产品来讲，我们以前关注交易价值，大家非常在意价格。今天最关注的是使用价值。

市场。我们以前关注大众市场，今天是关注人人市场，每个人都是市场。

顾客。我们之前关注客户的个体价值，今天关注客户的群体价值。

行业。我们之前看行业是有边界约束的，今天是跨界协同的。

这就使得你必须对所有行业的认知做很多调整。如果你不去调整，你就没法跟上。如果我们还在用原来的逻辑，就会被淘汰。

核心竞争力就是陷阱

我们今天在管理中遇到的最大的挑战，就是你原有的核心竞争力对你是个陷阱。以前在新希望，大家知道我有三年的任期，带这个企业转型。我跟他们讲得最多的一句话是，我从不担心你没有农业经验，我最担心的是你不知道明天农业长什么样子？如果你不知道明天农业长什么样子，就要被淘汰。

在这样一个变化中，商业的本质没变，但交付方式和获取价值的方式变了。在技术帮助下，人的生活变得更加容易、更加美好。如果你还守着原有的经验和核心竞争力，这就会是你的陷阱。

这就使得我们必须在管理上重构。重构源于两个要素的彻底改变。

第一，领导者要改变思维模式，你愿不愿意去挑战，这非常关键。

第二，知识将驱动组织持续成长，你的组织是不是能真正地用学习、用知识去驱动，而不是用资源去做驱动。

这两个是非常大的根本改变。这种根本改变导致组织在变。

组织正在变化

这是一个新旧的对比（见表3-1），我只讲两点，大家就明白变化有多大。比如评价系统，我们以前做组织评价时都评价你的投入，你有没有缺勤，你在这里投放了多长时间，你是不是忠诚于这个公司。

表 3-1 组织正在变化

项目	新旧对比	
	传统	新的
组织结构	金字塔式	扁平
人在组织中的作用	通才	多种技能的专家
竞争	系统、运作	团队、发展
评价	投入	产出
薪酬	工作	技能
合约	承诺的安全	流动的雇用
职业管理	家长式	自我管理
流动性	纵向	多向
风险	僵化？依赖？	压力？混乱？

在新的组织形式下，不是管投入，而是管产出。评价投入不会有创造力，员工只是把这个时间给你，你不知道他的脑袋在哪里。但如果你评价他的产出，看结果，结果能够反映他是不是真的投入了。这就是一个很大的调整。

但我们大部分公司还是喜欢评价投入，因为评价投入比较简单，评价产出比较难。但你不评价产出，你就不知道这个变化。

另外一点，很多时候我们认为新的组织形式会导致混乱，但这就是你要接受的。我们在新组织当中一定是混乱的、有压力的。原来的组织虽然不乱，但最大风险是僵化和互相依赖，最后会发现没有办法变革和革新。

新型企业往往很混乱，但是活力非常好。你的企业一点都不乱，但是你会感到死气沉沉。体验一个企业的氛围很简单，就去办公室走一圈，感受那个氛围基本上可以下结论。新型企业的员工走路都是跑的，讲话都很大声，经常拍桌子，没有什么规矩，我觉得这是比较好的组织。当组织里很规矩，恭恭敬敬，声音很小，甚至不敢讲话，领导说一，大家不敢说二，这基本上是传统组织。

这跟你的评价系统、组织管理都有关系。组织当中最大的管理挑战不仅仅是绩效，不仅仅是目标的实现，还要驾驭不确定性，这是一个非常大的挑战。如果你的组织不能驾驭不确定性，仅仅完成了你的绩效指标，你的组织还是要被淘汰。今天，你的组织不仅仅会因为绩效做得不好而被淘汰，绩效做得还不错的情况下也还是有可能被淘汰，如果你面对未来和应对不确定性的能力不够。

员工要有持续的创造力

要驾驭不确定性，核心也很简单，就是你的员工都要有持续的创造力。

领导的创造力我是不担心的，因为你们能成为领导，就是因为你们能不断地冒险、不断地创新。中国改革开放40年能取得今天的成就，有各种各样的原因，其中一个很重要的原因是出现了一个新群体，叫"企业家群体"，有了企业家群体之后，我们才把改革开放推到现在的程度。企业家群体的核心，就是企业家精神。

所以，对于创始人、企业家，我从来不担心你的创造力，我最担心的是你没有在意你的组织成员的创造力。如果你的组织成员没有创造力，前面讲的一系列的东西都解决不了。

没有年轻人，你的企业就失去了未来

怎么保证组织成员有创造力？很重要的一点，就是让组织变得有柔性。这是2017年我拿到的一个数据，大概能说明一点问题。应届大学毕业生中，60%的人都想去创业，20%的人喜欢去新兴企业，想进大企业的只能达到18%。这个数字很能说明问题。为什么现在的人不愿意去大企业？就是因为大企业组织的刚性太强了。去了一定要从底层做，一定要固定在一个角色慢慢爬起来，现在的年轻人不愿意这样。

我从我女儿身上也有这样的感受。她大学的时候就跟我说，要去最好的、最大的设计公司，接下来她说她想去一个100人以下的小公司，现在跟我说，也可以讨论一下，可不可以创业。她书没读完，认知就开始变了。

大家记住，没有年轻人，你的企业就失去了未来。单从这个方面讲，

你一定要保证员工特别是年轻人能够真正在企业中持续发展。

⊙ 协同效率决定企业的竞争力

对于企业的竞争力，最大的议题是什么？我认为是人力资源与企业战略之间的协同效率，也就是你的事情是不是有人去做？是不是有人愿意追随你的梦想并把它变成商业模式？这是非常关键的。

比如，阿里做新零售，不到两年时间就做出了盒马鲜生，很明确地告诉消费者，新零售长这样。你的战略跟协同效率够不够，其实取决于这个——创造员工跟组织之间的共享平台。

怎么建立一个共享的平台？

第一，把三个价值定位统一。

员工来到你这里到底要干什么？

工作产出的结果到底是什么？

企业获得的价值到底是什么？

我们遇到的最大挑战是员工要的东西和企业要的东西不一致，他做出来的东西跟你要的东西还是不一致，就没有办法真正建立共享平台，所以这三个价值要一致。

第二，契约。

我们跟员工之间，除了经济契约关系，应该还有两个契约：一个叫心理契约，一个叫社会契约。让员工真正爱上，在组织中可以享受到社会各方面的成就，同时，生活过得也很好。只有把这三个契约合起来，才会形成真正的共赢模式。

我们知道，国内企业中，华为在这方面做得非常好。华为提出"以奋斗者为本，以顾客为中心"。然后，把共享模式与机制全部设计出来。我们可以看到今天华为的竞争力和全球影响力。最近它发布了全球第一款5G技术的手机，2019年上市，这完全是领先的。为什么能做到？就是契约关系方面做好了。

我们在组织管理当中最大的变化，是从管控转向协同，一定要给人们赋予能量、能力、平台、机会，让更多人有持续的创造力。

答案变了，领导者要适应新角色

组织管理的三个根本性改变

我们在组织研究当中发现，有三个东西产生了根本的改变。

第一，效率来自协同而非分工。以前的效率都是来自分工，但是今天一定是来自协同，也就是部门之间的墙要打掉，企业跟企业的边界要打破。

第二，激励价值创造而非考核绩效。仅仅是做考核，不会有未来。但是，如果你进行价值创造，就可以做得到。

第三，新文化。中国的文化传统不太宽容错误，但是今天，组织要有创造力，就必须鼓励大家试错，而且必须包容错误与失败。新兴的互联网企业都是试错迭代的。传统的企业一旦错了就没机会，这非常可怕。

我特别喜欢任正非说的这句话："在华为，把创新做出来的人叫天才，这样的人很少。努力做创新没做出来的，叫人才。"我觉得有这样对人的认识、对创新的认识，这个企业肯定有非常强的创造力。你是不是具备这种包容性，允许别人试错？

领导者的新角色

上面提到的三个根本性的改变，使得我们一定要做两件事情。

第一，把个体激活。

2015年我写一本书——《激活个体》。在这本书里面，我告诉大家，如果我们想激活个体，很重要的就是我们跟个体之间要形成一个共同的价值观，不能只是讲组织的价值观。那么，这个共同的价值观是什么？

就是组织要有新的属性——平台性、开放性、协同性、幸福感，不能只是讲服从、讲等级，也不能只谈绩效，更重要的是要有新的能力，这个能力要求有三个最重要的改变：领导者要成为变革的管理者；文化要激活；选对的人，而不是选能人。

第二，把组织激活。

2017年，我在《激活组织》一书中提到，一个好的组织要有七项工作要做，做好这七项工作，组织就被激活了。

在这里，我只讲最后一项，就是领导者的新角色。

领导者。我们如果想激活一个组织，领导者要承担三种角色。

第一种，布道者。你要给大家很明确的价值观，很明确的选择，很明确未来的指引。面对多元化的信息冲击，领导者必须是一个布道者，把价值观讲清楚，能够清楚地知道并指出什么是对、什么是错。

第二种，设计者。你要在产品与组织设计中嵌入梦想。你如果不能把梦想嵌入产品，你没有办法跟年轻人在一起；如果你的组织设计里没有梦想，不提供共同成长的事业平台，你也找不到优秀的人。我常常跟人家讲，今天你招一个人来当人力资源总监，他可能不愿意来，你说我们共同创造一个事业，他就会有兴趣参与讨论。

第三种，伙伴。你得学会当伙伴，尊重专业性比你强的人，还要学会做被管理者。

这是对领导者角色的新要求，做不到这三点，很难激活组织。

要适应领导者角色的新要求，需要做两件事情。

第一，你得有目的地放弃，放弃你过去的经验，放弃你的核心竞争力，放弃你自己曾经沾沾自喜的东西，放弃你的一些习惯，甚至放弃你在公司当中不可撼动的领导者地位。

第二，你得持续理解不断变化的外部环境。

我以前不愿意到亚布力参加论坛，原因是我觉得这个地方一定很冷，今年我咬紧牙关决定来，发现一点都不冷。环境就是这样，你不要用你的经验去判断它，如果你融入环境，它的美好可能会超出你的预期。

彼得·德鲁克与爱因斯坦的启发

彼得·德鲁克有一句话最近给我印象非常深。他说，不知道为什么突然间有一天，我们一直称之为"道"的东西今天变成"器"了，无论东方还是西方。我希望你好好琢磨这句话。过去我们认为很多东西可能离大家很远或者我们很多人认为那是一个独特的东西，但今天你会发现不是，大家都得拥有，你必须得有能力去驾驭。

我在研究战略的时候，只要上战略课，最后一张 PPT 一定是"爱因斯坦"，这是一个给我巨大帮助的故事（见图 3-1）。

> 无论在西方还是东方，知识一直被视为"道"（Being）的存在，但几乎一夜之间，它就变为"器"（Doing）的存在，从而成为一种资源，一种实用利器。

Peter F Drucker 彼得·德鲁克

> 1951年，爱因斯坦在普林斯顿大学教书。一天，他刚结束一场物理专业高级班的考试，正在回办公室的路上。他的助教跟随其后，手里拿着学生的试卷。这个助教小心地问："博士，您给这个班的学生出的考题与去年的一样。您怎么能给同一个班连续两年出一样的考题呢？"
>
> 爱因斯坦的回答十分经典，他说："答案变了。"

阿尔伯特·爱因斯坦 Albert Einstein

图 3-1　德鲁克与爱因斯坦的启发

在普林斯顿考试，考完之后，爱因斯坦的助手跟着他走，小心翼翼地问，博士，您为什么给同一个班的同学出的考题跟去年的一样？

爱因斯坦说："答案变了。"

我们今天就是这样，很多东西都没变，市场还是这个市场，行业还是这个行业，顾客还是这个顾客，你还是你，但是答案变了。

我们在今天要解决两个问题。第一，激活个体。现在的确是一个英雄辈出的时代，我们现在看到很多年轻人实际上是非常强大的。第二，集合智慧。要让更多的人在更强的组织当中发挥作用，这样，我们才可以应对不确定性，拥有美好的未来。

（2018-03-05）

"改变"是最大的资产

导读：改变的秘密，是把所有的精力放在建造新的东西上，而非与过去抗衡。——苏格拉底

这是一个不断迭代的时代，是一个随时创造奇迹的时代；这是一个正在发生的未来，是一个变化空前的时代。在这个时代中，有些曾经辉煌的企业已经划过天空，而有些曾经稚嫩的企业已经照亮当下。在这样一个加速变化的时代，可以说，变是唯一的不变，变化是常态。尤其是对于企业来说，兼并、收购、出售甚至倒闭，也可能是一瞬间发生的事。要是发生一件，就有人在传播领域提醒"你又被抛弃了"。焦虑感不断加重。

⊙ 强者的本质是在变化中成长

创造顾客本身就是创造了一个属于自己的市场。从这个角度思考，我们很容易获得这样的认识：只有在不断变化的经济中或者至少是视变化为理所当然且乐于接受改变的经济中，企业才能够存在。变化会产生新的顾客群体，也就意味着新的机会。因此，那些拥有创新能力、持续成功的企业，会非常欢迎并主动拥抱变化，在变化中获取机遇。

纵观很多企业的发展历史，我们可以发现，在不断地兼并、收购、出售等变化中，总有些企业顺应时代潮流，勇于抓住机会，自我变革，主动转型，发挥战略、组织转型、文化传承，以及落地执行之间的有效组合，通过确立新的战略、调整商业模式、创新产品和服务等举措，使企业得以实现更强、更久的发展。

也就是说，改变对于追寻基业长青的企业来说，是一个永恒的主题。

⊙ 改变的五大阻力

俗话说，禀性难移。从心理学角度来说，心智模式指导着个体的思考和行为，而心智模式与个人的成长经历、信念、价值观、家庭背景、人际关系、教育、自我认知等有很大的关系，并且深受思维惯性、看问题的角度和偏好、解决问题的思维模式和方法、已有知识等的局限。心智模式早早定型，让人在成长过程中不断形成自动化思维，以便更快地做出选择。但是，一旦做出了某种选择，这一选择就会不断地自我强化，从而使人在想切换到另外一条路径上的代价越来越大，这种自我强化会导致个体的路径依赖。在这样的情况下，改变自己相当于部分否定自我，放弃已有的经验，重新塑造人格特性，其难度之大可想而知。

个体不容易改变，组织也一样难于"对自己下手"。组织最常见也最重要的改变是企业的转型。要成功转型，就需要破除一些转型的阻力。在我看来，组织转型的阻力主要来自五个方面。

过于迷恋现有核心竞争力

一家成功的企业，可能已经有较长的历史，甚至已经成为行业领先者，这样的企业会非常自信于公司已有的核心竞争力。如果不能超越这一点，延伸新的能力，重塑市场竞争的新格局，那么，企业的发展可能会被这个核心竞争力所限，甚至被淘汰。

无力打造新业务

过度专注于原有的业务领域，并对已有的经验津津乐道，就会形成组织的路径依赖，所以就会想当然地忽略新业务，甚至遇到新业务的机会也认为不需要或者不可能。

部分管理者已经落伍

现实中，有部分管理者是这样的：面对新方向，想都不想一下，就直接将其否定。抛开转型可能带来的利益损失，有时候并不是因为其他原因，只是因为有的管理者不愿变化，导致其所在的部门或领域无法做出改变，最终导致转型失败。

不安与焦虑

改变必然会带来波动和阵痛，打破舒适区，阻断思维定势，会让很多人不安与恐惧。为了让自己稳定和安心，有的人就直接拒绝改变。

避免冲突

只要改变就多多少少会有一些冲突。为了避免冲突，有的人就不愿意做出改变。

⦿ 改变已经成为组织最大的资产

当前，面对互联网经济的各种新技术，消费者不断升级的新需求，新的商业模式层出不穷，新进入者以颠覆的方式强势出现……这一切与过去的企业生存环境完全不在一个层面上。为此，一方面，企业原有的业务会遭遇到产业调整的挑战；另一方面，企业要面对整个外部环境剧变的挑战。

那么，当遇到困难、挑战与压力时，怎么克服焦虑情绪，让自己更安心地做应该做的事呢？我的观点有四个。

所有的成功，最终都是人的成功

无论环境也好、挑战也好、对手也好，他们永远都会存在。很多人问我：陈老师，你关心对手吗？我说：如果对手成长了，值得学习，我一定会关心；如果对手不成长，不值得学习，我就一定不关心。无论是环境、政策、技术、对手，还是其他要素，都是会变的。当这些都在变的时候，就一定不会成为你的障碍。比如，每到一年的年末，会出现很多对来年发展趋势和市场行情的预判。行情可以作为判断的依据，但是绝不能作为行动的依据。行动必须基于目标、基于责任、基于追求。

多年来，我一直都在判断，但是绝对不影响我的行动。我的行动只与目标、战略和梦想相关，绝不与行情相关。对行情的判断可以帮助我们的是，确保不要离开趋势，但不能因此决定行动。这也是为什么说，所有的成功最终都是人的成功，因为你有主动权，你有决定权，这一切都是由你自己决定的。企业领导者和管理者要牢牢记住自己的梦想、目标、战略和责任，因为这四个要素决定你的行动。我们可以看到，任何行情下都有优秀的企业，任何危机中都有触底反弹的公司，任何困难的情况下都有强者出现，原因就在这里。因此，你一定要相信，你有这个能力，你可以做到。

结果基于意愿，始于行动

怎样才能得到结果？结果就攥在我们的手上，结果取决于我们的意愿，我们想要的就一定是我们的。胜利主要取决于你的决心。胜利一定取决于我们对它的追求，也就是意愿，意愿促成结果。当然，不是只要有意愿就可以，还要有一系列的行动和付出。要用踏踏实实的行动解决现实存在的问题，这样才能得到结果。过程中，不需要有任何担心，也不要怕运气不好，因为世界是平的，命运永远垂青有准备的人。

保持成功和领先的唯一答案是更用心

其实成功者与失败者之间唯一的区别就是，成功者比失败者多付出一些东西。如果企业中每一个个体都多用一点心，每天进步一点点，一段时间之后，一定会显现巨大的领先力量。幸福是奋斗出来的，没有人能仅仅依靠聪明获得成功，只能通过奋斗和付出。比别人多付出一点，离成功才能更近一点。

分享与共生才是可持续的关键

怎么才能保证持续生长、持续领先？一定是分享与共生。我们怎么才能让自己走在正确的道路上？一定要建立分享与共生模式。一旦建立分享与共生模式，我们的生态圈就可以真的活起来。如果拥有一个活的、有生命力的生态圈，内外部一起生长，就一定是可持续的。生命的真谛就在于运动、在于生长、在于共同生长的过程。这种共同成长，本身就分享与共生，所以应致力于机制创新、产业协同、内外资源整合及每位员工的成长。

⊙ 能抛弃你的人，只有你自己

根据心理学家的分析，焦虑的存在也有一定的积极意义，适度的焦虑是一种能动因素，是建设性的正能量，有助于激发潜能，应对挑战。

作为个体，要认识自我、激活自我、挑战自我、完善自我，不断地学习——向杰出的前辈学习，向优秀的同龄人学习，汲取他们的经验和教训，通过渐进式的改进，努力追赶，持续进步，每天都成为比昨天更好的自己。当你遇到最好的自己，就会发现：能抛弃你的人，只有你自己。

作为组织，要打开眼界，解放思想，认真向标杆学习，不断认识行业，理解转型，发掘组织具有的优势和优秀的基因，扬长避短。在业务模式和组织架构上的变革，既能像大船一样抗风浪，又能像小船一样好调头。变是为了不变，变的可能是使命愿景、产业属性、业务领域、组织模式、时间效率、盈利增长等，不变的是企业的永续发展和整个组织的团结及凝聚力。基业长青，需要组织拥有永远敢于改变的积极心态。

总的来说，每一个个体、每一个组织都要深入追求新的转型与变化，善于在战略层面去思考，站在宏观和历史的角度去考虑推动自身变革和发展的原因。然后，自我变革，主动转型，真正做到敢于放弃、敢于尝试、敢于创新、敢于挑战，通过分享共生来驱动自身成长，最终实现自我超越。

因改变而美好。愿你不惧改变，变得更强！

（2018-05-09）

百年管理已从分工走向协同[1]

导读： 长期以来，管理强调的是"分工、分权、分利"，但在互联时代，管理需要的是"整体论"。本文提出了"管理整体论"的七大原理，能够让企业更有远见，更能融入环境，更能与顾客在一起。当拥有整体能力的时候，企业才焕发出能量及卓越的绩效。

  我一直在思考一个问题：怎样才能够真正了解一个企业？当我们坐在商学院的教室里，一大批有着真实管理经验的学生，经由商学院的课程，拓宽了他们认识企业的视野，甚至学习到了有关企业各个领域的知识，这样是否就有新的对于企业了解的能力呢？答案似乎是明确的：的确拓宽了认识企业的知识；但是另外一个答案也是明确的：无法验证其是否提升了认识企业的能力。为什么会有两个截然不同的答案？因为管理实践与课程学习并不相同，真实的管理并不是等于战略职能，还要加上市场营销、人力资源、财务、信息系统诸如此类的东西。

  亨利·明茨伯格（Henry Mintzberg）的《管理者而非MBA》一书有一段话让我印象深刻："有个老笑话说MBA三个字代表的是靠分析来管理（Management by Analysis），不过这根本就不是笑话。"我非常认同明茨伯格这个观点，如果把企业整体分割成一个一个部分，商业变成了各种职能的集合体，甚至把人也固化在一个分工的角色上，这真的可以说是离真实最远的一种理解和设计。

  百年管理理论一直是以"分"作为主脉络展开并延伸到现在的，从"分工"，到"分权"再到"分利"，这条脉络围绕着如何提升管理效率展开，并取得了明显的绩效结果。我们深究其背后的原因，发现其取得绩效的原因恰恰不是因为"分"，而是因为"合"，也就是综合整体、职能协同、系统合一，这也是为什么掌握相同的管理知识，拥有相同的管理结构，为

---

[1] 本文首发于《哈佛商业评论》中文版2018年5月刊，编辑李全伟。

什么会取得不同绩效的根本原因。因为获得绩效的核心关键是：把企业看成一个"整体"，而非分割状态。

综合是管理的真正精髓。无论是我自己的管理实践，还是那些被验证过的管理者的管理实践，都表明一个道理：管理真正的挑战及真正的魅力是，让企业有远见，融入环境，上下同欲的团队成员，综合的运行系统及与顾客在一起。当拥有整体能力的时候，企业才焕发出能量及卓越的绩效。

持续的研究与实践，让我意识到，对于企业现象的阐释应该使用历史学家那种回归当时具体环境的方法，我们要把自己放在最真实的管理环境之中。查尔斯·汉迪（Charles Handy）在其著作《组织的概念》一书中讨论组织效力时，画了一张图，这张图说明了组织效力研究何以如此复杂。图中列出了60多种不同变量，而事实上也许影响的变量比这60多种还要多，而组织理论学者总是更倾向于一组变量，因为不是这样，研究就无法入手；也因为此，你也可以理解，为什么很多管理实践者会对管理研究学者说：商学院教授没有用。因为研究的结论总是无法涵盖复杂、多变的实际情况。

加雷斯·摩根（Gareth Morgan）在他的《组织印象》中走了一条特殊的路，他认为比喻和模拟最能帮助我们理解组织，他探究了许多不同的比喻。

把组织看作是机器；
把组织看作是生物体；
把组织看作是大脑；
把组织看作是文化；
把组织看作是政策系统；
把组织看作是精神上的监狱；
把组织看作是变迁和改变；
把组织看作是控制的工具。

在他看来，关系到组织的问题，并没有所谓唯一正确的答案。我觉得这个想法令人兴奋，同时也说明：理解组织，需要把人放进组织和环境中，而不是割裂来看。

企业是个整体，这是一个最真实的事实，我们需要回归到这个真实之中。因此，我认为管理需要回归到"整体论"上，按照"企业是一个整体"的视角去理解企业的经营与管理，尽可能地让我们贴近企业的真实情形。下面我以原理的形式将得出的一些主要结论罗列出来，这些结论须被看作是一个整体。提出"管理整体论"，是希望通过这些判断，能够建立一个"整体观"，对形成管理者真实而准确地反映现实情况的框架有所裨益。

⊙ 原理一，经营者的信仰就是创造顾客价值

对企业的定义及理解，必须从顾客端开始，而不是从企业端开始，这是所有管理实践明确证明的结论，就其本质而言，企业为顾客存在。真正影响企业持续成功的主要重心不是公司的战略目标，也不是发展战略和运营管理的流程，而是为顾客创造价值的力量。

传统的经营思考起始于这样的假设：价值是由企业创造的。通过选择产品和服务，企业自主地决定它所提供的价值。顾客代表着对企业提供产品和服务的需求。这样的经营假设，企业需要一种与顾客之间的连接点（销售过程），使企业的产品和服务从企业的手中交付到顾客手中。企业所做的价值创造是在自己封闭的体系内完成的，价值创造的过程与市场是分离的，这种传统的经营假设，把顾客和企业割裂开来，也就导致了企业无法持续获得顾客而被淘汰。新的经营假设的核心是：价值是由顾客和企业共同创造的，顾客更关注自己的体验，更关注消费过程的价值创造，而不再只是关注拥有产品。

企业需要打破和顾客之间的界限，与顾客融合在一起，这也是很多新兴企业快速成长的根本原因。新兴企业因为寻找到顾客生活的需求，并有能力以最快捷的方式满足顾客的需求，让企业自身和顾客的生活融合在一起，就有了生存的空间，并获得了快速的成长。

因此，一个能够创造顾客价值的公司应该是基于整个价值链或者价值网思考的公司。一切从顾客开始，为顾客创造价值，由顾客的偏好决定企业的技术和服务所付出的努力，由技术和服务的价值引导资源的投入，最后获得公司的资产和核心能力，这样的企业才会被确认是拥有市场能力并

能实现持续成长的企业。管理者必须让全公司上下对于顾客价值的认知保持一致,如果顾客价值认知不保持一致时,就会发现公司损耗非常大。

"顾客价值"不是一个概念,而是一种战略思维、一种准则,这个思维和准则用另外一个方式来表述就是"以顾客为中心"。"以顾客为中心"就是要求,企业改变自己的思维模式而保持和顾客思维模式的契合,企业只有一个立场,就是顾客的立场。重要的是:第一,顾客价值是行为准则,所有做事必须以这个为基准。第二,顾客价值是一种战略的思维方式。

⊙ 原理二,顾客在哪里,组织的边界就在哪里

在新古典经济理论中,企业被完全当作一个"黑箱子"。企业的唯一功能在于按既定的使企业利润最大化的生产函数进行输入与输出之间的转换。在这一假设下,企业的边界主要由生产中的技术因素决定。当企业依据产品边际成本等于边际收益的原则去组织生产时,它所选择的生产规模是最佳的。而这种理论不需要企业是一种组织,也没有注意到企业内众多的组织问题。

企业存在或扩充取决于成本之间的比较:当企业内部的成本高于市场交易的成本时,企业边界(规模)将趋于缩小乃至消失,即市场替代企业;反之,企业得以存在或扩充边界(规模),即企业替代市场。

规模、角色清晰、专门化和控制是20世纪导致企业成功的几个关键因素,企业外部边界越大,规模经济的优势越明显,其效益就越好。而随着企业竞争环境的日益动态化,传统的成功因素已失去了往日的支配力,动态环境下导致企业成功的关键因素演变为:速度、柔性化、整合和创新,它们需要企业快速地回应顾客,要求员工不断学习,企业应更多地关注流程而不是专门化的环节。为了有效地应对外部环境的变化,企业组织边界必须相应地做出调整与突破,企业间的边界变得越来越模糊。

顾客的成长性是根本的特征,如果无法与顾客一起成长,企业自身就失去了成长的可能性。今天,因为技术,因为变化的速度,很多行业被重新定义,甚至生产者与消费者的边界被打破了,消费者也是生产者。企业和企业之间的边界也被打破了,甚至行业与行业之间的边界也模糊了。正

因如此，很多传统企业管理者非常焦虑，找不到自己的边界在哪里，有一种完全陌生的感觉。

但是，大家其实不必焦虑。如果从企业与顾客一体的视角来看这些变化，答案是显而易见的：组织边界只在那个地方，就是你的顾客在哪里，你的边界就在哪里。提供这个边界的能力可能不是你自己，可能是合作伙伴，可能是价值链上甚至价值链外的合作者。你要跨界，你要跟别人合作，你自己的组织边界因此打开，从而拥有了顾客所需要的新能力。

⊙ 原理三，成本是整体价值的一部分，在本质上是一种价值牺牲

成本作为衡量企业管理水平的关键元素，成本能力作为实现企业经营绩效的基础保障，令成本备受关注。大部分情况下，我们都把成本看成是独立的、必须消耗的要素，所以，很多企业会一直想办法降低成本，如何节约成本，以及如何改变成本结构是管理者努力的方向。对成本这样的认知和做法，因其普遍性并取得了成效，至今都很少被怀疑和质疑。恰恰因此，我要很明确地告诉大家，这些认知与做法会把你带向歧途。正如我坚持的那样：廉价劳动力不能保证获得成本优势；同样，寻求低成本不能保证获得成本优势。

如何正确认识成本？首先一定要认识到，成本是商品价值的完整组成部分，成本在本质上是一种价值的牺牲。在考虑公司价值的时候，一定要记住成本是最重要的价值，成本损耗越多价值损耗越大，成本损耗越多在行业的竞争力损耗越大，一定要这样去理解成本。换个角度说，如果企业愿意在成本部分做牺牲，而且这种牺牲必须是有意义的，是获得价值并能被感知到的，这样的牺牲越大，价值获取越大；这样的牺牲越大，在行业的竞争力越大。唯有这样去理解、去行动，成本的效能才会被释放出来。因为，成本本身就是商品整体价值的构成部分。

在成本上如果没有整体的理解，牺牲的会是价值本身。比如，创业企业不需要有管理结构体系，如果创业企业有管理结构，那会是巨大的管理成本，这个成本是没有价值的，这是一种价值牺牲。企业到了一定规模，管理结构还未形成，这是非常可怕的事情，因为管理结构是用来承担风险

控制，是用来培养成员，是用来为未来布局的，此时的管理结构是用来做价值分配的；必须有一部分结构与现在的业绩没有关系，跟未来的业绩有关系；必须有一个结构与绩效没有关系，与可控性有关系。在规模企业中管理结构具有价值贡献，初创企业中管理结构是价值牺牲。是牺牲价值还是创造价值，这就叫成本习惯，一定要有这个习惯。

成本是一个价值牺牲，是让价值牺牲有意义还是让价值牺牲无意义，这是企业自己可以决定的。

重要的是以下三点。

第一，在员工身上的投入和在顾客身上的投入，在成本上都是有意义的价值牺牲；廉价的劳动力不会带来成本优势；有效的顾客才会带来真实的绩效。

第二，没有最低成本，只有合理成本。产品和服务符合顾客期望，即为合理。

第三，成本是品质、吸引力和决心。

⊙ 原理四，人与组织融为一体，管理的核心价值是激活人

如何看待组织中的人，是管理者最大的挑战。大多数情况下，管理无效的原因是没有把人放在组织中去理解，忽略了人与组织融为一体的特征。组织基于合作，而合作基于个体生存的需要，组织是由于个人需要实现他自己在生理上无法单独达成的目标而存在的。为了生存下去，这种合作系统就必须在实现组织目标方面是有效果的，而在满足个人动机方面是有效率的。切斯特·巴纳德（Chester I Barnard）有关合作系统的概念，解释了"组织目标处于核心地位"的思想并表明了组织的属性，就是个体目标与组织目标的一致性。他深信，只有组织目标的制订，才能使环境中的其他事物具有意义，组织目标是使所有事物统一起来的原则。

但是，今天的外部环境发生了巨大的变化，这个变化导致组织与个体的关系不再如巴纳德所描述的那样："组织是由于个人需要实现他自己在生理上无法单独达成的目标而存在的"。互联网时代，恰恰是相反的情形出现了：有创造力的个体是由于组织需要实现它自己无法达成的目标而存在

的。组织要实现组织目标，一定要依附于有创造力的个体。组织属性在互联网时代，发生了根本性改变，改变让组织具有了全新的属性：平台属性、开放属性、协同属性、幸福属性，这四大属性是为了释放人的价值。释放人的价值，是创造型组织的必备能力。

我们需要新的管理范式，其核心内容是：具有系统思考的领导者，依赖于激发个体内在价值，而不是沿用至今的组织价值，来考虑整体及个体的行为。这种新的范式中，有关个体价值的创造会成为核心，如何设立并创造共享价值的平台，让组织拥有开放的属性，能为个体营造创新氛围，则成为基本命题。

在管理工作中，核心是要围绕两个去做：一个是"工作目标"，一个是"人的价值"。管理者要关注工作目标，更要关注"人的价值"，唯有做好这两件事，管理工作本质才会呈现出来。

因此需要关注三个点。

第一，管理要解决管理者、管理对象和管理资源三者之间的匹配问题，即人、资源和管理者，三者之间的协同一致的关系。

第二，管理一定要回答"让人在组织中有意义"这件事情。

第三，管理要让每一个人与工作目标相关。

⊙ 原理五，影响组织绩效的因素由内部转向外部，驾驭不确定性成为组织管理的核心

今天，影响组织绩效的因素已经由内部转到外部，组织绩效不再由组织自身决定，而是由组织外部的因素决定。决定组织绩效的外部因素被称为"组织环境"。

组织环境同时具有不可预测性、多维性、开放复杂性，也就是"不确定性"。因为组织环境影响组织绩效，所以，在不确定性中寻求发展空间成了组织管理的工作内容。因为，有了发展空间，才能给组织中的个体不断赋予能力、资源与平台，使其感受工作的意义与价值，从而与组织一起把握不确定性带来的机会。

今天管理者的核心工作，是要确保组织可以跟得上环境的变化，让组

织具有驾驭不确定性的能力。要做到这一点，其核心是要关注组织成员的成长，让成员能够做出持续的价值创造。

管理者需要做到以下四点。

第一，让不确定性不仅成为常态，而且是经营的机会和条件。

第二，具有创业精神和创新精神。

第三，拥有超越自身经验的能力。这一点，对于那些曾经被证明成功的管理者及领导者尤其重要。

第四，与不确定性共处。

⦿ 原理六，从个体价值到集合智慧——管理者要将业务与人类的基本理想相联系

作为人类实现理想的一种载体，组织所要承担的责任就是拓展个体的能力。今天的管理者，一定要了解到团队成员对自由的渴望，了解他们希望独立、打破约束的愿望；同时，也一定要了解到他们愿意承担责任，有能力承担责任的内在价值判断。管理者需要接受这样的管理理念：将业务与人类的基本理想相联系。想象一下，这将为你、你的员工和你的社群带来怎样的无限可能？组织以员工为核心构建一个共同的价值共享系统，为个体实现价值创造提供机会与条件，被激活的个体，才有可能让组织具有创造力。

组织有效性依赖于组织获取、分享、使用、存储宝贵知识的能力。组织学习观点将知识作为一种资源，这种知识资源以三种方式存在，统称为智力资本。智力资本有三种存在方式。

第一，人力资本——员工的知识、技能和能力。人力资本被认为是具有价值的、稀缺的、难以模仿的并且不可替代。

第二，结构资本——组织系统和结构中获得并保留下来的知识，例如，有关工序的文档和生产线的布局图等。

第三，关系资本——组织的商誉、品牌形象，以及组织成员与组织以外的人员之间的关系。

智力资本的这三种存在方式让组织具有自身的知识资源能力，加之组

织本身的开放性，从而更具有吸引优秀个体，集合智慧的能力。

我总是对组织的能效怀敬畏之心。在组织与个体之间价值互动之中：一方面，个体价值崛起，个体更加自主与自由；另一方面，应对不确定性，个人需要借助于组织平台，才能释放自己的价值，因为集合智慧的平台会更具有驾驭不确定性的能力。从个体价值到集合智慧，是激活组织的选择，也是人类持续保持创造力，从而实现人类基本理想的基础。

⊙ 原理七，效率来源于协同而非分工，组织管理从"分"转向"合"

自从泰勒的《科学管理原理》面市，管理成为科学并被广泛运用到企业及各个领域，由此而演变发展的组织管理理论，也沿着分工这条脉络延展开来。为了不断获得更高的管理效率，分工的效能也被不断强化，用分工所获得的相对稳定的责任体系进而又推进了绩效的获得，分工成为主要的组织管理方法。但是，互联技术的出现，以及更加巨大的变革与冲突，导致不确定性增加，人们越来越觉得无法获得"稳态"，无疑需要一个更加广泛的视野，更加互动的关联及更加开放的格局，这更类似于一个"生态系统"的逻辑，复杂、多元、自组织及演进与共生。

组织系统中，技术带来的互联互通所生成的最大影响是，组织生存在一个无限"链接"的空间中，在无限链接的空间里，企业内部必须是开放的、社区化的组织形态，而在企业外部则表现为以顾客为核心的相互链接的价值共同体，其基本特性是：企业内部多元分工，顾客与企业之间多向互动；价值网里每一个企业的角色都随着消费需求而变，并在不同价值网里扮演多样化的角色；价值网里各角色之间的关系是"超链接"和松散耦合的关系，已经不再是管控与命令式的关系。

在以互联技术为特点的商业环境下，随着网状协同运作逻辑的持续演绎与扩散，企业的商业模式、组织模式，企业间的协同模式，企业与顾客之间的协同模式，以及个人的工作和生活又将做出什么样的改变呢？大家所熟悉的商业模式及管理模式将被重新定义，这意味着，组织从一个线性、确定的世界，走向一个非线性、不确定的世界，柔性化将是以互联技术为特点的商业时代最突出的特质。

一直以来，如何提高管理效率，是组织管理最具挑战的一个话题。分工使得劳动效率最大化得以实现；分权则让组织获得了最大化的效率；分利充分调动了个体，让个人效率最大化。而今天，组织需要解决的是整体效率，既有组织内部，又有组织间与组织外部的，"分工、分权、分利"只是解决了组织内部的效率，而组织绩效已经由内部转向外部。所以，整体效率也更大程度地转向了组织间和组织外部，组织间和组织外部的效率需要依靠协同，依靠于信息交换与共享。

组织间的管理来源于对价值网协同的共识，也促使人们寻找实现这一共识的途径，云计算和大数据的出现，让这一共识有了实现的可能。数据的共享、交换极大地提高了消费者之间、消费者与企业之间，以及企业之间的协作效率。协同发展将是企业间主要的发展模式，而灵活动态的价值网络协同模式将变得越来越普遍并产生良好的成效。

以原理的方式阐述我的"企业是一个整体"的观点，就是希望按照一个真实的逻辑来综合企业管理本质的思考和结论，使之成为一个整体，从而对组织管理如何应对外部环境变化有所认识，同时对管理实践给予相应的回应和帮助。我并不声称这些判断就是"最恰当"的，我最大的愿望是，"管理整体论"会让管理者觉得有用，并且我的不足能够激发起一些人建立更新的、更好的"整体论"。如果这些判断能够推动人们对"企业是一个整体"展开更深入的研究和探讨，并得出新结论，那我的工作就是有价值的。

（2018-05-28）

从管控到赋能

导读：数字化时代，时间轴变短，变化的速度在加快。传统的管理方式面临着众多的挑战，沿用多年的管控式管理遇到诸多问题，我们将从命令控制式管理走向授权赋能式管理。

⊙ 组织管理的四个关系变了

过去我们做管理，有三个最重要的链条：命令链、信息链和人际关系链。

所以，最初我们在组织管理或管理者的角色安排时，都会认为领导者有三个角色：决策角色、信息角色和人际角色。

这是胜任领导者一定要完成的三个链条，胜任了这三个角色，组织管理就实现了。按照这三个链条和三个角色，主要的动作都是在管控。

在组织管理中，核心就是解决四个关系：个人与目标的关系、个人与组织的关系、组织与环境的关系，以及组织与变化的关系。

今天的难题在于这四个关系完全变了。

过去，个人与目标的关系要求个人一定要服从目标，个人要对目标有所贡献，不然组织会把这个人淘汰。个人与组织的关系是组织常常专注于自己的目标，而忽略个人。在组织的设计里只有角色，没有具体的人。同样，我们要解决组织与环境的关系，因为任何一个组织如果没有匹配环境，环境就会把这个组织淘汰。最后，必须解决组织与变化的关系，因为不适应变化的组织也会被淘汰。

现在变成了组织目标必须涵盖个人目标。如果没有涵盖个人目标，个人与组织就不发生关联。这是第一个变化。第二，我们不能忽略个体，我们发现个体很强大，个人与组织的关系变了。另外，环境不确定，变化不可预测。这四对关系都变了。

如果沿着原来的管理者角色定位，管理者是一个控制者、决策者、信息者和人际关系者，已经解决不了这个问题。所以，互联网出现之后，管理开始从管控到赋能。

⊙ 互联网下半场来临

从管控到赋能，为何如此重要？因为互联网也到了下半场，互联网上半场时，还不那么紧张。因为在互联网上半场，我们增加了一个场域，就是增加了一个线上世界。你只需要获得新的流量，获得更多的用户，就能在市场中存活。当我们进入互联网下半场时，线上线下的市场打通了，我们遇到的最大的挑战是需要具备的能力变了，你不仅仅要有用户，还要有真实的顾客。不仅仅要创造一个新的市场，还要有真正的效率。

今天几乎所有的互联网企业都在赋能传统企业。马云说"五个新"，就是把互联网与数字的能力，赋能到五个传统行业。现在腾讯也把自己定位为一家给传统企业提供方法、工具和平台的赋能公司。

在互联网下半场，几乎所有人都要"把虚变实"，这是根本改变。这个过程中有两件事情最重要。

第一件事情，如何把用户变成顾客。拥有大量用户的人不见得有机会，没有用户的人也不见得没机会。

第二件事情，如何让效率变得更高。效率高的会淘汰效率低的。

最近一直有人问我：你到底研究大企业还是小企业？我说今天"大与小"这组词不成立。今天很多大型企业都把自己划得单位很小，比如海尔，这个大系统中有几万个小企业，它大还是小？我希望你的企业是一个效率和速度变化快的公司，而不在于规模和结构的大与小。

⊙ 管理中最重要的事是如何让人有意义

因为下半场变成这样，我们就要关注管理中最重要的两个价值：目标与绩效、人在组织中的意义。

以前做管理时只需要做一件事，就是取得绩效、实现目标。所以大部分情况下，我们都在讨论怎么完成业绩，怎么实现目标。但现在，我们还要完成另一件事，就是如何让人在组织中有意义。我们只能通过让人在组织中有意义这件事，才能解决效率与真实的顾客和企业在一起的问题。否则，组织可能就会在不断变化的环境中被淘汰。当目标与绩效、让人在组织中有意义成为最重要的事时，我们最要解决的就是人浮于事和虚假忙碌。

在时间轴变得更短的时代，真实的价值极度稀缺，并且极为重要。一定要解决人浮于事和虚假忙碌的问题。我们经常提碎片化，真正的价值全部碎片化就是虚假忙碌。每个时间点都很忙，但是统和起来没有整体价值，就是虚假忙碌。面对人浮于事和虚假忙碌，我们要明白如何认知责任，如何分配权利和利益。

⊙ 回归以人为本

管理就难在这里。我们拥有的资源恰恰是对人产生巨大影响的部分，我们要回到"以人为本"上。今天所有人都必须谈"人本"这个概念，因为现在人的价值已经完全被释放出来。但大部分组织，尤其是传统组织并没有真正懂人本管理。

人本管理有三个要点。

一是员工以顾客为本。员工做任何事，前提条件都应该是顾客。

二是管理者以员工为本。做任何事要想着出发点一定是利于员工。

三是领导者以管理者为本。做任何安排要以管理者为出发点。

我为什么强调回到以人为本？原因在于大部分的企业，特别是传统企业并非以人为本。员工讲得最多的是领导，而不是顾客。因为他发现以顾客为出发点可能得不到好处，但以领导为出发点一定有好处。然后会发现，公司离顾客最远的人谈顾客最多，领导天天谈顾客至上，但他可能从来没有或者很少接触过顾客。甚至公司任何一个服务、产品都不是他直接提供的。这就是角色错位。当出现角色错位时，就无法真正解决人浮于事和虚假忙碌。我们不能真正回到人本时，就没办法真正获得结果。

面向未来，管理的核心是激活人。我在2015年写了《激活个体》，

2017年写了《激活组织》，今年还会继续回答这个问题。好组织的管理方式是不断地激活人，让更优秀的人不断加盟进来。

⦿ 今天职场最重要的场景是"赋能"

职场最重要的场景是"赋能"。你必须打造一个赋能的场景，而不是工作场所或岗位。有些企业做得很好，有些企业做得不够好。原因就是做得不够好的企业，把职场变成了工作场所。很多人不愿意来这里，只是不得不来。有时我问大家，你今天来上班是什么心情？他说我只是不得不来，其实没什么感觉。也有人很愿意上班，他觉得去公司比在家要舒服。

今天在谈工作场景时，关键词不是命令和权利。而是个人在这个地方能不能得到成长，能不能发挥创意，能不能与这个时代同步。我们一定要懂一个道理，如果组织不够进步，我们其实耽误了很多人。组织不进步，组织里面的员工就会与世隔绝一样的不进步。如果你的组织不能激荡大家，你的员工就会因为你而被淘汰，整个组织也将被淘汰。这就是今天赋能的场景。

很多企业有能力不断输出人才，其他企业又不断挖走这些人才。被挖的那家企业一定要高兴，因为你的赋能是足够的。如果一家企业永远都在挖别人的人，就一定要反思，因为它的场景赋能不够，它就只能用别人的。可是别人来了之后，如果还不能让员工成长起来，员工又被人挖走了，企业就应该反思了。

在现实生活中，人才的流动有两个方向：一个是人往高处走，去找更强的平台；另外一个是去找新的机会。如果流出去的员工都在找新机会，说明组织赋能场景是高的。如果员工流出去都找更高的平台，说明组织赋能场景是低的。我并不是建议大家跑来跑去，但现实中人一定是流动的，这点要接受。在流动中是往高平台走还是往新机会走，可以用这个外部因素检验企业组织场景、赋能的能量是否足够。

如果我们没有能力去赋能和交互，就会对很多人不负责任。这时，整体的组织竞争力就会下沉。所以一定要赋能，这是一个重要改变。

⊙ 数字化生存时代，赋能就是为每一个成员创造平台和机会

曾经与一位专家聊天，他说海尔这套管理模式放到美国通用电气的家电部门效果非常好，这意味着什么？这意味着今天我们不能用简单的结构来做管理，必须用机会和平台。

前几天，我和北大国发院"戈13"（第十三届玄奘之路国际商学院戈壁挑战赛）组委会的同学聚会，他们在考虑"戈14"怎样筹备，我给了一些建议。我说你们能不能设计出更多的角色，这样就会有更多的人参加，参与者就会觉得"戈14"是他自己的事情，这就是赋予机会和平台。如果仅仅设总队长、队长、教练、联络、服务，可能只有四五个人，一旦设计更多角色出来，可能就有五六十人参加。五六十人参加的结构的力量和四五个人是完全不一样的。所以我们一定要给大家赋予机会和平台。

举个例子，我去一家公司，这家公司其中一个员工很认真地跑来，说陈老师我要和你照相，你一定要认识我。他给我一张名片，名片上写着"首席员工"。这个例子给我极深的印象，我相信他会很努力地当首席员工，不会被别人超越，这就叫机会和平台。

赋能最重要的是给员工一个机会。员工在责任和机会之下就会成长。很多时候大家认为赋能是你要给他、教他什么东西，并不是这样。我们讲赋能，最重要的是要给员工机会和平台，他就会成长起来，因为在责任之下人是可以成长的。

⊙ 构建日常管理体系的核心就是做五件事

构建一个日常管理体系，核心要做的事情有五件。

高管给员工上课，员工分享自己

高管应该给员工上课。如果全部从外边找老师上课有个缺点，就是员工只是和老师达成共识。如果高管给员工上课，就会变成高管和员工达成共识。员工也要分享自己。只有员工分享自己，他所做的知识、方法、经验，才会有借鉴意义。因为我们是共同的工作场景，在共同的工作场景下

他为什么能做成。别人可以借鉴。

有一套透明化的信息系统，让授权成为可能

我们一定要有一套透明的信息系统，让授权变成可能。真正的赋能除了给平台之外，还应该给权利。只有这样，赋能才能实现。

设立多岗位以激发组织成员

要给很多岗位，只有岗位才能让人成长。不要不舍得岗位，只有给了机会，大家才会成长起来。

要有效地沟通，上下同欲，思想一致

上下要同欲，不能跑偏，要有非常明确的价值观追求，让大家保持一致。

这是日常管理体系，从管控到赋能必须做的事情。如果希望公司从管控提升到赋能，公司体系内就要做这五件事。这些都是平常的事情，如果你不愿意做，就只能靠制度、规范、约定和流程来管控。

我们要在员工与组织之间构建一个释放创造力的共享平台。在共享平台中，最重要就是"从命令控制式"管理转向"授权赋能式"管理。可能有的组织体系比较大，有很多刚性要求，但只要找到更强的信息平台和企业文化就可以。从管控到赋能，这就是面向未来，管理的基本逻辑。

（2018-05-29）

一文讲透数字时代的战略认知、逻辑和选择[①]

导读：数字时代的战略完全变了，现在供你选择的战略是以下四种情况：要么做个连接器；要么做个重构者；要么做个颠覆者；要么做个新物种。

⊙ 经营及其三个核心要素才应该是我们关注的焦点

这三个核心要素决定企业是否可持续

我们做企业的人，核心是在考虑经营，而不是经济。经营与经济的最大区别是什么？经济的核心是以有限的资源合理地满足人们无限的需求。你可以用经济的逻辑来看资源的流向、配置及人们的需求，但不应该受限于此。做企业的人，最重要的是去做经营。

经营是什么？它还是以有限的资源去满足人们无限的需求。但在此之中，经营创造了一个附加值。某种意义上来讲，做经营的人最根本的就是运用有限的资源创造一个尽可能大的附加值，以满足人们的需求。优秀的企业和企业家就在于他能把尽可能大的附加价值创造出来。因此，对于做经营的人来说，需要明确下面三个核心。

第一，不去判断环境，而是寻求机会。那个尽可能大的附加值从哪里来？寻求机会，就是不断训练自己思考这一点。

第二，确定自己的生存空间。机会很多，哪一个才是你的生存空间？如果你不能确定生存空间，即使判断出机会，它也跟你无关。自身力量强的公司，越是在大环境不好的情况下，机会反而越大。关键在于你是不是可以界定自己的生存空间。

第三，能否真正找到你和顾客之间的价值共鸣点。

如果这三点你能明确把握，外部环境对你是没有什么影响的。知道机

[①] 本文为作者 2019 年 2 月 17 日在北京大学国家发展研究院"戈 14"私享课上的分享内容，由"戈 14"组委会整理成文。

会在哪里，知道自己的生存空间，知道你跟顾客之间产生价值的共鸣点。这三样东西才是决定一个企业是否可持续的根本问题。

数字时代与以往大不相同的两个特点

从 2012 年移动互联网的普及开始，外部环境变化最大的因素就是技术，它引领我们走向了数字时代。与以往相比，数字时代有如下特点。

第一，决定数字时代跟以往大不相同的是时间轴的概念。一则技术创新的速度很快，快到超过想象；二则技术创新的普及速度更快。这两个速度叠加起来，就引出了时间轴的概念。以往很多产业是可以跟时间无关的，比如老师教书原来是可以教一辈子的，但现在就教不了。以往一个老师需要很长时间才会被大家认可，现在不需要，因为有网红了。这是由技术和技术的普及速度决定的。

第二，多维度。最近很长一段时间，人们总是讨论降维、升维，认为拼多多是降维成功。不过，在我看来，这么理解是错的。数字时代中，既不是升维也不是降维，而是必须多维度来展开策略。多维度的状态下，你才可以知道机会在哪里。以往我们关注的是，只要企业有核心能力、在某一处能独占资源，就有机会在市场中获得优势，但现在你会发现几乎没有这个可能性了。

第三，更难的是什么？是复杂性。所有变化叠加在一起，再加上时间轴，复杂性超过以往任何一次技术革命带来的变化。我们现在遇到的挑战，是要从各种角度来训练自己，以经营的三个核心要素——机会、空间及顾客价值为出发点，更多维度地去讨论和寻找答案。

不一样的数字化时代，战略思维逻辑也是不一样的。

我们就从经营视角出发，在明确机会、生存空间和顾客价值三个层面一起思考。

⊙ 如何理解我们所处的环境

数字时代对经营要素的判断，不再从宏观环境出发，而是以微观决定宏观。以前是宏观政策来决定微观怎么做，数字时代则是由微观开始集聚，进而影响宏观，这与过去是不同的。

从微观出发，外部环境的变化可以用下面八个特征来表达。

第一个特征，所有东西都在不断迭代升级

这意味着你的生存空间一直面临调整。比如，从微信到抖音，你会发现这是文字升级到图像、图像升级到声音、声音升级到视频的一个过程。再如，我们以前都认为年轻老师超过年长的老师是需要一些时间的，现在不用，年轻老师直接借助技术辟条新路迭代就好了。这个特征跟以往都不一样，需要我们去特别注意和理解。

第二个特征，一切都正在转换为数据

从"数据"到"信息"到"知识"再到"智慧"，是一个递进的过程。这当中的起点，就是"数据"。这是一个独特的变化。拿服装业来讲，从前最厉害的是裁缝，接下来是设备，再下来是设计，接着是品牌。现在就不是这样。现在的核心变成客户数据、版型数据库，把数据库匹配起来，就可以为一个人去做定制并可以承诺送达时间，整个行业的基础逻辑就改变了。

这意味着，当一切转化为数据的时候，就有了两个方向的创新机会。原来必须要创新商业模式才有机会（比如阿里巴巴），现在做效率提升（比如"互联网+"），机会一样非常大。数字出版和音频出版正在冲击传统出版社，就是源于改变效率、改变成本结构。很多商业模式创新不那么容易，但是效率提升对于传统行业来说，是一个相对容易的机会。因为你就在这个领域里，熟悉这个领域，提升效率会带来全新的机会。

第三个特征，数字时代大多数的创新都是现有事物的重组

很多公司的成功，并不是做了全新的东西，而是把现有事物重新组合，获得了新机会。关键在于你能否改变固有的思维习惯，运用现有的资源去做一些重组创新。

第四个特征，深度互动和深度学习的机会

虽然很多领域都是全新的，但当你能够不断了解深度学习和深度互动

时，你把它们与你所在的领域和资源组合，就会出现新的机会。

第五个特征，核心不是分享，而是协同

分享背后的逻辑是协作。区块链为什么如此值得关注？原因就在于区块链的底层技术逻辑是以协同为主，交易以分布式出现，可以实现整个网络的交易。在今天，大规模的合作与协同成为可能。

这里举一个支付宝的例子。在中国香港，阿里巴巴先教菲佣下载使用支付宝，然后在菲律宾做了非常多提现金的小店铺，帮助他们3秒钟就能把钱汇给家里人。支付宝运用技术平台，完成了银行间无法便捷完成的功能。这样的变化就意味着协同产生价值，而区块链的应用将改变许多行业规则。

第六个特征，连接比拥有更重要

这是我最近提及最多的一个观点。为什么我很坚持这个观点？是因为，今天你一定要注意，拥有什么并不重要，最重要的在于你能得多大程度开放地与他人连接。重要的不是你自己拥有什么，而是你可以和多少人连接在一起，因为所有的机会都来源于连接。

第七个特征，颠覆不是从内部出现的

当你发现有一个从来没做过这个行业的人在做跟你相似事情的时候，你一定要打开自己，拥抱新进入者，别拒绝，因为那很有可能是迭代整个行业的逻辑出现了。很多时候，我们没有关注到外部那些微小的变化，正是这些微小的变化，酝酿着行业大变的力量，颠覆往往不是从内部出现的。

第八个特征，可量化、可衡量、可程序化的工作都会被机器智能取代

这是我去海尔智联工厂考察感受特别深的事情。机器人真的来了，而且比我们想象的快。前不久，我的新书《顺德四十年》出版，与顺德很多朋友交流时，谈及最新顺德变化：在产业布局上，作为全国乃至全球最大家电产业基地的顺德，正在布局成为我国最大的机器人生产基地。

以上是从微观来看数字时代的八个机会，希望你理解它、琢磨它，相信会对你有帮助。

基于此，数字时代的战略逻辑和认知框架就需要重构。

接下来，我们按照如何识别战略机会、如何界定战略空间和如何寻找顾客价值共鸣点三个部分的研究结论来给大家分享。

⊙ 数字时代，如何识别战略机会

工业时代与数字时代之间的非连续性跨越

工业时代与数字时代之间是没有连续性的，也就是说，如果你现在做得很好，不意味着数字时代也能做得好。2017年，我讲得最多的一句话就是"沿着旧地图，一定找不到新大陆"。现在和未来之间可能存在巨大的鸿沟，不同的商业范式之间存在断点、突变和不连续性。你已经不能习惯性地用原来的逻辑来看。我和京东集团首席战略官廖建文博士展开了这个方向的研究。

数字时代与工业时代在发展逻辑上最大的不同是，它会在传统行业打开一个断点，并重新定义这个行业。比如零售与新零售，传统零售行业的核心价值点是人、货、场，就是一定要有客流、货品要多、要有卖场。传统零售业的人都很清楚，最核心的一件事情就是选址、选址、再选址。

新零售对传统零售冲击非常大，原因就在于它打开了行业的断点。新零售先是运用技术围绕线上线下解决货的问题，使得它的货比传统零售多得多。它接下来提供支付与配送服务，让消费者更便捷。它不强调卖场，而是强调顾客体验。因此我们发现，新零售加上餐饮，商业逻辑全变了。

数字化生存意味着一切都被重新定义

数字化生存就意味着一切都被重新定义，包括所有行业。如何重新定义？通过价值创造和获取方式发生本质的变化来重新定义。

新零售在价值获取方式上重新定义了零售。原来买东西必须去卖场，新零售是把货送到家里，这样获取方式被改变了。知识付费为什么很快地冲击了知识内容行业？原因就在于把知识的获取方式改变了。特斯拉为什么能够冲击庞大的汽车行业巨头？它让汽车不再只是汽车，把价值创造的方式改变了。

数字化时代与工业化时代的对比

数字化时代与工业时代相比较，有哪些不同（见图 3-2）？

	数字化生存意味着	一切都被重新定义
	工业化时代	数字化时代
变化规律	连续	非连续
环境认知	可预测	不可预测
商业范式 产品	交易价值	使用价值
市场	大众市场	人人市场
客户	个体价值	群体价值
行业	边界约束	跨界协同
对应的思维	线性思维	非线性思维

图 3-2　数字化时代与工业化时代的对比

从产品看，工业时代会关心价格（交易价值），通常判断的是成本、规模与利润三者的关系。消费者购买的逻辑也是一样，如果觉得划算就购买，反之就拒绝购买。但数字时代，人们核心关注的是使用价值，回归到最本质的需求上，不再为其他的东西付费。

这也是数字时代带来的一个非常有意思的现象——人们会变得更简洁。简洁的生活方式是人们更需要的，这实际上是一种回归。

从市场看，工业时代大家看到的是大众市场，而数字时代就是围绕一个人做到极致，它看到的是细分市场（人人市场）。To C 的概念变成了一个人人的概念。产品、市场、客户、行业的价值理解都发生了的完全不同的改变。

由此你会发现，今天迭代和改变行业的并不都是大企业，更多的是小企业。大企业往往倾向于守住自己原有的优势，不愿重新定义，是小企业在重新定义行业。因此，企业的大小变得不再重要，因为一旦行业被重新定义，突破边界，打破了行业游戏规则，大企业会很快遭遇到巨大的挑战，转型困难，小企业反而涨势很猛。

战略逻辑的思考起点，就是在行业中理解价值如何构成。数字时代的行业会被重新定义，重新定义的方式就是打开行业断点，重新定义的方法，要么从价值创造做，要么从价值获取方式去做，这是第一个结论。

⦿ 数字时代，如何确定战略空间

从"比较优势+满足需求"到"顾客价值+创造需求"

战略的第二个动作，就是要看企业持续发展的空间在哪里。认知框架的更新如图 3-3 所示。

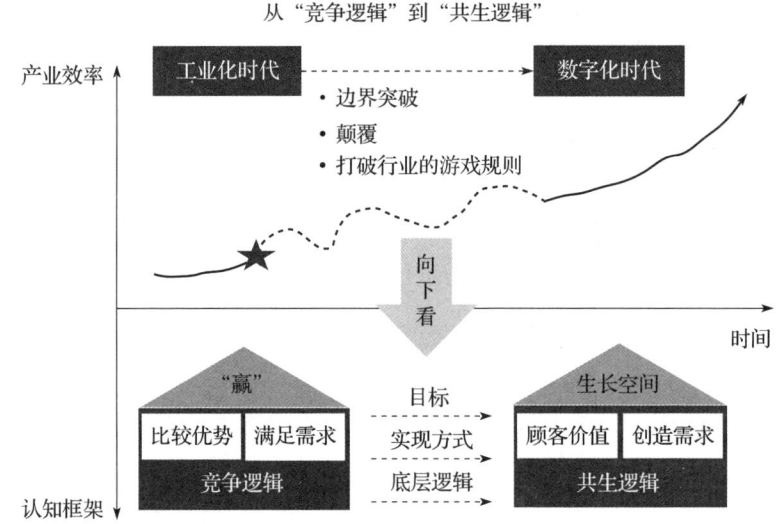

资料来源：陈春花、廖建文，打造数字战略的认知框架，《哈佛商业评论（中文版）》，2018 年 7 月刊。

图 3-3　认知框架的更新

空间不同，也是数字时代与工业时代关键的差异。在工业时代，企业的生存空间来源于"比较优势"和"满足需求"。只要一家企业比别人多一些优势，在满足顾客需求方面做得好一点，就胜出了。

为什么华为可以几十年坚持一个大的战略方向不动？因为任正非从一

开始就找到一个"大海",意识到在"大海"里面才能长成一条"大鱼"。这就是战略空间的概念。他将机会和空间合并起来选。比如餐饮,除非你可以把菜标准化,像汉堡一样,规模才可能是巨大的。否则只开餐馆,提供堂食,很难实现巨大规模。所以我们认为,如果餐饮品牌要获得大规模的发展,一定是要在做好堂食的同时,还有能力离开堂食提供产品,那样才有更大的规模,这就是战略空间。

在工业时代制订战略,大多都是用"比较优势"和"满足需求"去做的。

以最典型的电脑为例。我们知道,最早是苹果公司把电脑定位在专业应用领域且不能兼容,空间界定得非常窄。接下来就有人让它变得兼容,也就是 IBM 公司。把这个需求满足了,市场变大了,后来又有人冒出来说既然工作要用到它,那为了方便工作,电脑应变成个人用品,这就是康柏电脑做的事情。又一个人冒出来说电脑不仅仅是个人用品,它应该是个性化定制产品,这就是戴尔。我们认为这样可以了,但是有人又冒出来,这就是联想。把电脑做成大众消费品,人人买得起。这个不断迭代的过程,都是从满足人们的需求,并且创造出比较优势的方向去做,诞生了一个又一个电脑品牌。

电脑行业的发展历程,可以让我们看到,在工业时代,沿着"比较优势+满足需求"一路走,你会发现机会一直有。

现在数字时代来了,就不是工业时代这套逻辑了。如果还沿原来的路走,会走得很苦。

但是,也有一些企业走得很好。究其背后的原因,它们不是去和同行比较相互的优势,也不是简单地"满足需求",而是换了一条路走:通过"顾客价值"和"创造需求"。

数字时代的战略空间当中,"创造需求"比"满足需求"的空间更大。如今企业间的竞争很难,很大原因就是你并不知道对手是谁,其根本在于对手不需要去满足需求和预测需求,直接"创造需求"就可以了。

所以,苹果决定,不讨论 PC 了,直接开始做移动终端产品,它重新定义电脑的价值,改变从 iPad 开始。

当时我不太懂 iPad,想多些了解,决定到美国最重要的一件事,就是买一部 iPad,结果发现离我所住的酒店附近的 10 家苹果商店都在排大队,只好开几小时车去到一个很偏远的地方，终于买到了店里仅剩的一台。那时在美国的高速公路上，苹果广告画面是这样的：一个人很悠闲地翘着二郎腿坐在沙发里，iPad 摆在腿上，配上一句话——这就是你的电脑。那是过往正襟危坐在桌子前用电脑的我们不可想象的。

这个需求被创造出来，空间就全变了。也就是说，一旦你把机会转向创造需求的空间时，战略思考的起点就要从行业转移到顾客。

为什么不考虑行业了？因为行业如果不能够回答顾客价值的问题，就没有存在的价值。也就是说，机会来源于你所依赖的行业，但是行业得以存在发展，取决于对于顾客价值创造的贡献，所以真正属于你的空间，一定是你的顾客。

因此，我要提醒大家，用户可以代表市场，但是不代表"顾客价值"。用你的东西不付钱的叫用户，付钱之后才是顾客。互联网企业能很快地拥有一个大市场，原因就在于它免费获取了大量用户，用户代表市场。第二步再从用户中寻找顾客，把市场转化为空间。而找空间的两个动作，一个是实现"顾客价值"，另一个就是"创造需求"。

从"竞争逻辑"到"共生逻辑"

怎样才能把需求创造出来？

首先我们战略认知的逻辑要改变：一定不要想与对手竞争、怎么与对手比较，而是去思考如何与他人共生，以获取生长空间。

战略基本上是回答三个问题——想做的、能做的和可做的。工业时代的战略在这三个问题的回答上，使命初心决定想做的，资源能力决定能做的，产业条件决定可做的。这三个组合起来就是一家企业的战略选择。所以制订战略需要确定自己的梦想和愿景，进行内部资源和能力分析及外部环境分析等。展开这些分析的核心出发点都是企业，企业自身拥有什么资源、能力，想做什么，在哪个产业里，最后做出战略选择。

图 3-4 值得记住。

然而，数字时代的战略，核心出发点在于顾客，而非企业。想做什么——看你如何为行业重新定义。能做什么——不在于你有没有资源和能力，看你可以连接什么资源和能力；可做什么——不受行业限制，可以跨界。这是一个巨大的调整。如果你和你的团队能够不断地像这样去训练时，你会发现一切皆有可能。

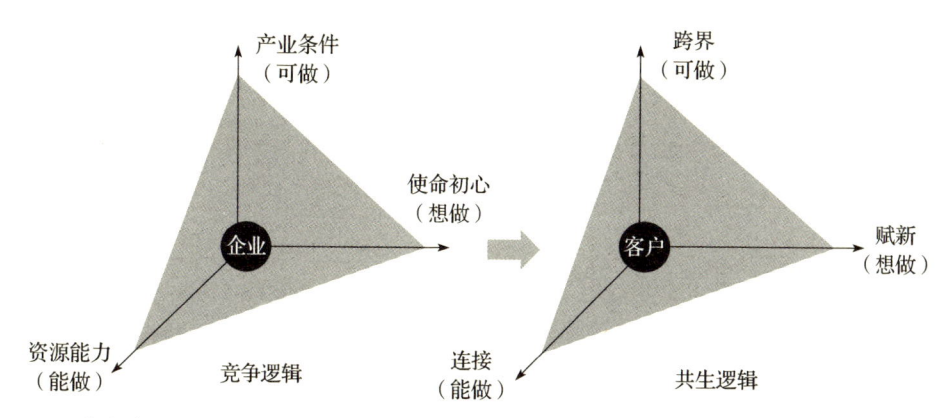

资料来源：陈春花、廖建文，打造数字战略的认知框架，《哈佛商业评论（中文版）》，2018年7月刊。

图 3-4　重新定义战略空间

数字时代的战略逻辑与工业时代的战略逻辑完全不一样了，用工业时代的战略逻辑，波尔的理论最具代表性，总成本领先，差异化与聚焦。但是数字时代的战略完全变了，现在供你选择的战略是以下四种情况：要么做个连接器，要么做个重构者，要么做个颠覆者，要么做个新物种。

我们一一来看。

连接器："跨界"和"连接"，但没有"赋新"。"连接器"同时在"跨界"和"连接"上寻求突破，但并不赋予行业新的意义或定义新的价值主张。比如得到没有重新定义教育，也没有重新定义知识学习，但它做了"跨界"和"连接"，把音频技术跟传媒连接、跨界起来，把所有名师连接起来，得到了一个商业规模，这就是"连接器"的方式，快手也是这样。

重构者："赋新"和"连接"，但没有"跨界"。重构者就是通过连接行业外部的新资源，给原有的行业带来新的格局和视角。它们没有做"跨界"，还在原有行业里"赋新"和"连接"。比如平安金融、e袋洗等。

颠覆者："赋新"和"跨界"，但没有"连接"。颠覆者是同时在"赋新"和"跨界"上突破，但不连接原有系统之外的其他资源或要素。比如，滴滴就是重新定义出行领域的一个颠覆者，现在它在跟别人连接（顺风车），但是这个连法对他来说冲击特别大，要看他怎么做了。

新物种："赋新""跨界"和"连接"。新物种是同时在这三个维度上进行突破。比如永辉超市、无人车。

数字时代的战略逻辑跟工业时代确实是不一样的，我们要学会调整自己——赋新、连接、跨界。

另外，数字时代实施战略的空间因为可以不断地重新设定，带给企业的空间更大。数字时代不存在空间不够的问题，空间可以重新定义，这是我们需要看到的变化。

⊙ 数字时代，如何寻找顾客价值共鸣点

前面我们阐述了机会来源于重新定义，空间需要跨界、连接。那么，顾客价值怎么找？

最后我们要回答的就是顾客价值。做战略落脚点一定是要为顾客创造价值，没有顾客价值，所有战略都是空的。顾客才是解开战略选择谜题的唯一钥匙。

为什么？因为所有东西都在变，只有顾客是明确的。技术发展让我们更容易贴近顾客、创造顾客。以前，我根本不知道谁读了我的书，不知道听我的课到底用不用，现在可以知道了。这时你会发现，只有顾客逻辑是最可靠的。知道了机会在哪里、空间在哪里，第三步是寻找顾客价值。

顾客价值应该从可能性上面找。也就是说，战略的重点必须从"挖掘确定性"转向"探索可能性"，这是我们在数字时代战略研究的第三个结论。

顾客主义的战略逻辑沿着两个维度展开。

一个维度是，远见/洞见，可称为"需求态"。

远见是指看得深远，洞见就是说你能够一下就找到顾客的需求。

一个维度是，渐进/激进，可称为"技术态"。

也就是，你是采用激进的技术，还是采用渐进的技术。

围绕顾客的不同需求，借助不同的技术力量，就得出四种战略选择（见图3-5）。

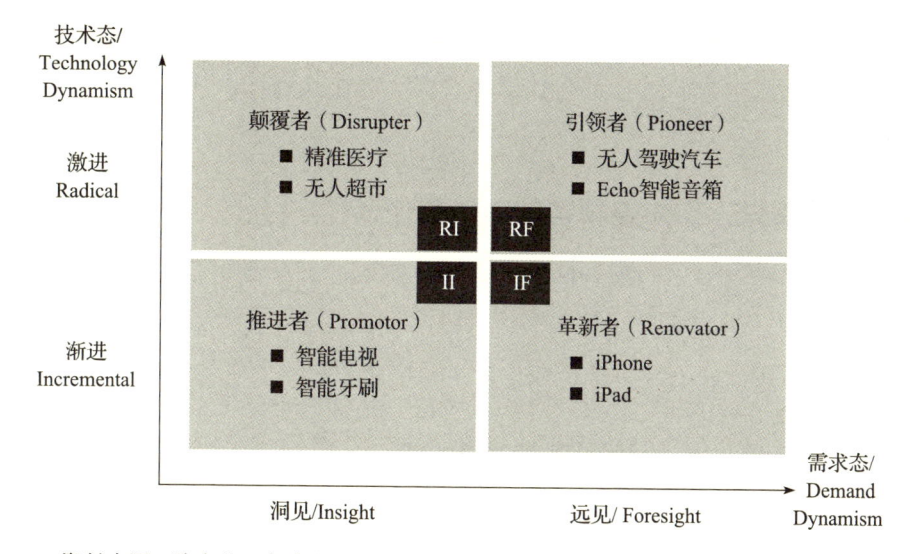

```
技术态/
Technology
Dynamism

激进
Radical        颠覆者（Disrupter）        引领者（Pioneer）
               ■ 精准医疗                 ■ 无人驾驶汽车
               ■ 无人超市                 ■ Echo智能音箱
                              RI    RF
                              II    IF
渐进           推进者（Promotor）         革新者（Renovator）
Incremental    ■ 智能电视                 ■ iPhone
               ■ 智能牙刷                 ■ iPad
                                                                需求态/
                                                                Demand
               洞见/Insight                远见/Foresight         Dynamism
```

资料来源：陈春花、廖建文，顾客主义，数字化时代的战略逻辑，《哈佛商业评论（中文版）》，2019年1月刊。

图 3-5 顾客主义的 RIIF 战略模型

推进者（II）战略

技术上采用"渐进"的方式，需求上采用"洞见"的方式，针对顾客需求最具影响力的价值点去做挖掘，这个战略组合称之为 II 战略主体（Incremental/Insight），也就是推进者（Promotor）。

革新者（IF）战略

技术上还是"渐进"的方式，但需求上采用"远见"的方式，认为整个行业会有一个彻底的改变，这个战略组合称之为 IF 战略主体（Incremental/Foresight），也就是革新者（Renovator）。

颠覆者（RI）战略

技术上采用"激进"的方式，需求上用"洞见"的方式，这个战略组合称之为 RI 战略主体（Radical/Insight），也就是颠覆者（Disruptor）。

引领者（RF）战略

技术上采用"激进"的方式，需求上采用"远见"的方式，这个战略组合称之为 RF 战略主体（Radical/Foresight），也就是引领者（Pioneer）。

当你做战略选择时，怎么知道在这四个当中选哪个？不妨来问自己下面四个问题。

顾客洞见：你知道顾客的期待是什么

你是否知道顾客对你有什么期待？对这个问题的回答反映了企业对于顾客已有需求的洞察与洞见。一定要接触你的顾客，高层管理者最容易犯的错误就是离顾客太远，导致你根本不知道顾客对你有什么期待。

顾客远见：你能给顾客带来想象吗

如果你能够把顾客的想象做出来，而且这个想象他又接受，这个就叫远见。这个问题考察的是企业对于顾客潜在需求的预见和影响能力。

苹果能一直给人想象，自从它把智能手机给了我们之后，就一直给人惊喜。不过，最近屏大屏小的不同 iPhone X 已经有点缺乏想象，让我们对下一款 iPhone 的到来并不那么期待了，因为感觉再来一个也不会有太大的区别。

渐进技术：未来有哪些技术进步能够对我们的领域产生影响

在领域内的技术变化叫作渐进。如果企业能把这个问题回答得非常清楚，就代表企业在持续跟踪技术的更新，并不断将其应用于自身的产品，使其对业务产生积极的影响。

激进技术：你有突破常规、应用激进技术的决心和能力吗

对于这一方面，其中一个最重要的判断，就是你有没有那么多钱、那么多人来做。

如果对这个问题的答案是"有"，说明企业具有追求突破性技术的准备，并已经为此进行了投入。

这 4 个问题回答了，就可以知道怎样做战略选择。由此带来的发展空间，就已经不是两维、三维的概念，需要再加上时间轴。它的发展态势至少有 4 种完全不同的方式，变化是非常明显的。

因此，当我们以顾客作为战略起点的时候，你对客户的需求、理解和对技术的掌握，就决定了你选择哪种不同的实现路径（见图 3-6、表 3-2）。

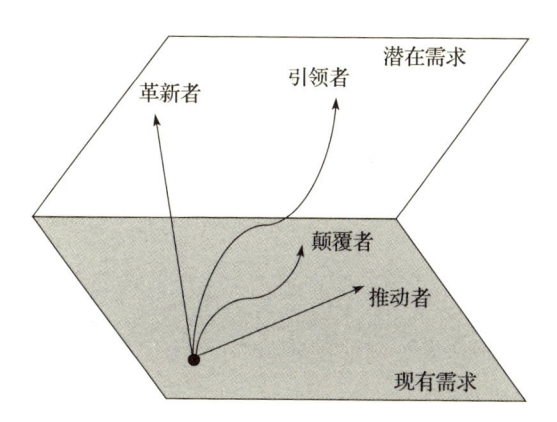

资料来源：陈春花、廖建文，顾客主义，数字化时代的战略逻辑，《哈佛商业评论（中文版）》，2019 年 1 月刊。

图 3-6　顾客主义的不同实现路径

表 3-2　顾客主义不同实现路径的要求

	对客户理解的要求	对技术掌握的要求
路径 1：推进者	通过触点互动、信息整合、持续跟踪等了解顾客的期待是什么	通过技术的渐进式迭代，不断升级产品
路径 2：颠覆者	通过触点互动、信息整合、持续跟踪等了解顾客的期待是什么	通过对激进式技术的坚定投入，致力于创造跨时代产品
路径 3：革新者	依靠直觉和判断，给顾客带来想象，引领潜在的需求	通过技术的渐进式迭代，不断升级产品
路径 4：引领者	依靠直觉和判断，给顾客带来想象，引领潜在的需求	通过对激进式技术的坚定投入，致力于创造跨时代产品

要特别强调的是，数字时代的战略思考跟工业时代完全不同的，就是起点是你的顾客。从顾客的需求出发，再通过技术的应用，创造性地加以实现。这是顾客主义的共性规律。

最后，分享一句我喜欢的教育家卢梭的话："要记得，人类走向迷途，往往不是由于无知，而是由于自以为是"。

（2019-03-12）

三个判断和一个结论[1]

导读：组织效率的本质在数字化时代发生了什么变化？这些变化背后的根本原因是什么？我们需要怎样的解决方案？管理者应该有怎样的行为？

从 2012 年到 2019 年，7 年时间里，我深度研究了 23 家公司，去了解他们为什么可以在这轮数字化的浪潮中获得领先地位，这背后有着什么样的逻辑。

通过研究，我得出了三个方面的判断和一个结论。

⊙ 数字化时代，组织管理与以往的五个不同点

强个体

数字化时代，个体非常强大，所以我们常常看到个体在流动。

今天的年轻人在离开一家公司的时候，不像我们 50 后或 60 后，一定要找好下家才会动。

80 后或 90 后，今天不想做，明天可能就动了。甚至这两年他想工作，过两年他不打算工作了，就直接休息两年。

有一次，我跟一个年纪比较大的总经理聊天，我说："如果你的员工跟你说，我只打算在你这里工作两年，然后我休息三年，三年后我再回来跟你做，你收还是不收他？"

他说："这个人我肯定不要！"

我说："以后，你可能就没人可要了。"

这就是我们今天看到的个体的强大，从某种意义上来说，不见得真是能力和技术上的强大，但至少他的内心很强大。他会很笃定地去做他的选择，按照他的意愿生活，不会考虑那么多。

---

[1] 本文为作者在 2019 年 8 月 27 日晚在《协同》新书分享会上的演讲内容。

我教了 20 年的组织行为学，每次都会问大家一个问题："你们觉得钱在激励中是不是非常重要？"因为我们讲到激励时一定会谈到"钱"，以前答案通常是五种选项：非常重要、比较重要、一般重要、不太重要、不重要。

但 2018 年我在课上听到了第六种答案，一个学生说："老师，我觉得关键看他给我钱的时候我心情好不好。如果他给我钱的时候让我很舒服，那这个钱很重要。如果他给我钱的时候让我不舒服，那这个钱一点都不重要——他给了我钱，但是他伤害了我。"

当时我愣住了，现在我想，我明年的组织行为学讲义里，在这个话题下要放上这第六个答案。

这就是变化：强个体的出现，使得组织跟个体之间的关系变了。组织在过去相对于"弱"的个体比较有主动权，而现在主动权在变弱。

强链接

今天，几乎所有的组织都不能独立存在，因为与它链接的要素越来越多。

举个很小的例子，天气这个因素对于一家商店来说，影响有多大？以前我们可能没有那么敏感。

但是今天你会发现，天气变化的影响比我们想象中要大，因为它会让整个配送产生直接的变化。

我们原来是自己在店里购物，现在我们不去店里购物，而是让人送到家。

当组织处在强链接中时，影响的因素变得越来越多，用一句话来表达，就是：影响组织绩效的因素从内部转移到了外部。

不确定性

我们处在一个非常不确定的环境中，这一点不用我多解释，大家可能都深有感触。我们无法了解不确定性是如何产生的、会发生在哪里，但它切切实实地存在着。

似水一样

有人问我："未来的组织会是什么样子？"我告诉他："没有固定的形

态，完全是变化的，像水一样。"

我用"水样组织"这个词来描述未来的组织，这是我用得很多的一个词语。它可以有完全不同的形态，会随时变化、随时组合去寻找解决方案，以应对市场的变化。

共生态

共生态就是说，我们不能再认为"我是主体，你是客体，我说了算，你要服从"。

现在，我们互为主体，彼此尊重，共同创造价值，才可以找到新的生长空间。

以上就是第一个判断：数字化时代的组织管理与以往不同。

⊙ 组织管理的新旧逻辑在转换

组织管理中有四个重要的关系：个体与目标的关系、个体与组织的关系、组织与环境的关系、组织与变化的关系。这四个关系在今天都发生了变化，所以组织管理的逻辑也变了。

关于组织管理的底层逻辑，我总结出以下四个观点。

企业必须是个整体

理解一家企业，不能只关注它的核心优势或者主要特征，而必须将其还原为一个整体去看待。

比如某家成功企业，不仅仅是人力资源强，可能研发、制造、供应也都很强。

很多人想学华为，华为不是因为某个点成功的，而是整个系统都很成功。如果学华为，不能说华为的人力资源成功，我就学那套人力资源系统；华为的研发成功，我就学那套研发系统。

学激励、学研发都没有错，但你还没有理解华为。你必须完整、系统性地看待这家企业，理解它强大背后的整体系统。

效率来源于协同而非分工

今天所要求的效率不是分工带来的效率，而是系统的整体效率或者说整合效率。这个系统效率的获得，更多地依赖于协同，而非分工。

有时候我们会发现某个企业的某个部门特别强，但是它的整体协同效率不那么强，它反而会在竞争中处于弱势。

原因在于，它最强的长板可能会让其他短板显得更短，反而发挥不出长板的优势。今天的效率来源于改变。

共生是未来组织进化的基本逻辑

未来的组织必须要具备共生的能力，组织进化的方向就是与更多的伙伴去共生。

我经常开玩笑说："自然界我比较佩服蚊子"。我以前在南方生活，因为每天晚上要写作，所以最怕的就是蚊子的声音。它一直嗡嗡嗡，那个声音让我很焦虑、很难安静下来，所以我非常怕蚊子。

后来我发现，我慢慢开始喜欢它了，我要跟它共生了。为什么呢？蚊子本来是个喜欢阴暗潮湿环境的动物，但它在干燥的房间里也活得很好；它本来是贴近地面的，但你要搬到 16 楼，它也可以到 16 楼，还是跟你活得很好；它本来比较怕空调，因为有共振，但它在空调房里一样活得很好。

自从我发现了它这么多优点后，我就想："我必须要跟它共生，它的嗡嗡嗡是对我最大的激励。"想到这里我就写得很开心，然后开始看看谁更厉害、怎么能让它不咬我。

这是一个很有意思的心态转变。在自然界的物种当中，并不是最强大的物种活下来，而是那种不断跟环境共生的物种活下来了。

这也是未来组织的进化路径，不论技术和环境如何改变，你都可以应环境而进步，与伙伴共生。

价值网络成员彼此互为主体

每一个成员都是主体，我们都要尊重。这是我特别强调的。

虽然今天有的企业称自己是平台型企业，但还没有过渡到与合作伙伴

"互为主体"的程度。

当我们称自己是平台型企业时,我们已经默认自己是主体、别人是客体;当我们谈整个价值链时,也把自己当作最主要的企业,而别人是我的供应商,其实还是主客体的关系。

但今天讨论组织管理,你必须要理解每一个成员都是主体。当你尊重它们的主体地位的时候,你才能理解组织管理底层逻辑根本性的变化是什么,才能真正成为平台型企业。

⊙ 组织管理新旧逻辑转换的基本假设

基本假设的改变,才会带来新的调整、新的认知。这个判断也是我在《协同》这本书中的一个重要观点。

我最近写文章时,特别强调"长期主义"。

"长期主义"可以看作是你的假设,无论做产品、做企业,还是学习,不能用短期功利性的心态去对待,只有长期做,你才可以让自己能够面对不确定性和变化,这个就是假设。

我把假设分为以下四个基本原理。

组织内和组织间协同成为效率的重要来源

今天,对于组织来说,系统整合效率是最重要的。这就要求我们在组织内、组织与组织间找到效率的来源。

如果你的组织只有自己的内部效率,没有能力去整合提升外部与其他组织之间的效率,就失去了"成长的机会"。

传统企业与新兴互联网企业之间比较大的区别在于增长方式不同。增长方式的改变带来的一个很大的不同,在于效率。

组织内外效率的来源在于协同,协同帮助组织获得系统整合效率。

设置内外的分享机制

你的组织需要设置一个内外的分享机制,这里不仅强调"内",还有"外"。

2019年8月19日，181家美国顶级公司首席执行官在华盛顿召开的美国商业组织"商业圆桌会议"上联合签署了《公司宗旨宣言书》。

这个宣言书的核心就是强调，企业不能只以股东利益最大化为最重要的目标，还应该服务和推动社会的进步。

宣言书表示："我们每个企业都有自己的企业宗旨，但我们对所有利益相关者都有着共同的承诺。每个利益相关者都至关重要，我们致力于为所有公司、社区和国家的未来成功创造价值。"

这是一个巨大的转变，我们以前总说"在商言商"，恐怕今天再讲这句话，你的基本假设就不对了。任何一个商业的单元，同时也是一个社会的单元，甚至是整个自然、整个存在中的一个单元。

所以，你的分享机制既要考虑内部的分享，保证员工、股东的分享，还要考虑外部的分享，比如减少售后的损耗、环境的消耗，推动社会的进步，为人类社会谋福利。

当你能够构建一个内外的分享机制，让组织内部和外部都能获利、都能成长，就是重塑了企业的边界。

建立基于契约的信任体系

我在《协同》这本书中引用了福山的一本书中的一段核心观点："在一个时代，当社会资源与物质资源同等重要时，只有那些拥有高度信任的社会才能构建稳定、规模巨大的商业组织，以应对全球经济的挑战。"

福山认为，社会繁荣的基础在于信任，而他这本书的名字就叫《信任》。

这个观点对我本人的影响非常大。如果我们要在今天让技术和所有商业组合在一起，要推动社会的持续繁荣，一定要找到一个东西把大家连接在一起，这就是基于契约的信任。只有用它去连接，才可以保证每个人都能成为主体。

从"竞争逻辑"到"共生逻辑"的战略认知转变

这是我和廖建文老师在过去两年最主要的研究话题——数字化时代，战略到底发生了什么变化？这个研究还在持续，最终我们希望向大家呈现一个完整的路径，就是数字化时代的战略，从认知到框架，到战略选择，到战略实现，究竟要做哪些改变。

在研究过程中我们发现，数字化时代的战略，最大的一个变化就是认知底层逻辑的变化，即从"竞争逻辑"转向"共生逻辑"。这个变化告诉我们，今天，企业如果想在整个战略中具有成长性，并不是看你能与谁竞争，而是看你能与谁共生。

与别人竞争，你将没有办法在数字化时代找到机会；而与别人共生，你可以创造出非常多的新的生长空间。

⊙ 结语

接下来我们可以得出以下的结论，这也是我的《协同》一书的核心内容——组织管理由"分"到"合"演进，以获得系统整体效率最大化。

组织管理研究最重要的一个问题，就是如何提高效率。

分工提升了劳动效率

弗雷德里克·温斯洛·泰勒（Frederick Winslow Taylor）通过研究工厂工人具体的操作方法和动作，提出让工人效率最大化的方法是分工，他为工人制定了一套工作量标准，为每一套精确的动作设定了时间，分工使得劳动效率最大化。

那时候还未谈及组织效率，科学管理法带来了比以往任何时候都高的劳动生产效率，助推工业革命走向鼎盛。这是我们看到的第一个效率的来源——分工带来了劳动效率的最大化。

当劳动效率提升到一定水平的时候，我们就会看到一个特别残酷的现象——人变成了机器。如果大家熟悉那段历史就会知道，所有流水线上的工人，就只会做分配给他的那件事情，动作高度标准化，就像机器一样。

卓别林的著名电影《摩登时代》就是控诉这个把人变成机器的大工业时代，他在工厂的工作是扭六角螺帽，于是他眼里满是转瞬即逝的六角螺帽，所有六角形的东西都会让他忍不住想去拧——六角形纽扣、六角形圆顶……

分权提升了组织效率

仅依靠分工得到的效率提升是有极限的,于是马克斯·韦伯(Max Weber)和亨利·法约尔(Henri Fayol)为了使得组织效率最大化,提出了行政组织理论,他们让我们从仅仅关注劳动效率,转向关注组织效率。

组织要想获得高效率,第一是需要具备很强的专业能力,第二是要依据责任把权力分配下去,只有两者相结合,组织效率才能达到最高。我们今天组织内的层级制,就是因为分权而产生的。

分利提升了人的效率

如何让大家在工作中快乐而有效率?在泰勒的分工理论之后,这一课题就被展开研究了,我们把它归入第三个阶段——人力资源管理阶段,关注人的效率。

在这个阶段,激励人、发展人、挖掘人的潜能得到了重视,其中最重要的就是让员工的价值创造与收益相匹配,所以我们看到了分享利益的计划。

分工、分权、分利(责、权、利),这三个"分"可以说是传统的百年组织管理理论的核心,它们带来了管理效率的最大化。

协同提升了系统效率

数字化时代,我们提到了变化给组织管理带来的挑战。比如强个体、强链接、绩效影响因素由内部转移到外部……仅仅做好了内部的责、权、利对等,并不能保证你能活下来,为什么?

你的效率全部在内部,是自己的效率,如果有人通过数字网络整合了外部的效率,相当于是跨界打击。

比如新零售与传统零售的区别:原来购物要去商店,工厂把货物配送到商店,你再从商店把东西买回家;现在从线上下单,工厂或者库房直接配送到家,门店的成本就节约了。

提高各个环节的内部效率和整合工厂、物流后节约某个环节所提升的整体效率,是完全不一样的。

我们要获得系统效率，就必须要进行高效的价值创造，在万物互联的环境下去与外部协同，而非仅仅关注内部的责、权、利。

因此，我们提出，管理由"分"走向"合"。这个过程是为了使得整体的系统效率最大化。

系统效率最大化的方式就是协同。

（2019-09-18）

第四部分

认知当下与未来

与任正非先生围炉日话

导读：冬日里的温暖对话，展现认知华为与任正非先生的全新视角。

2016年岁末，我、田涛、孟平、曹轶及姚洋教授，一同与华为创始人任正非先生见面交流。约好早上9：30见，想不到到了见面地点，任先生已经早早在那里等候，我们很感动。坐下后，任先生看到我们穿得单薄，就问身边的同事，看看有壁炉的会议室是否空闲，如果空闲，我们转场去那里，得到确认可以过去，任先生就带着我们转场去另一个会议室。

令我惊奇的是，任先生自己开车带我们过去。我和姚老师都说，这应该是我们经历的史上最贵的"司机"，坐在任先生亲自驾驶的汽车上，更加钦佩任先生，刚一见面的两个环节，我们已深深折服，这是一个完全不一样的领导。任先生带着我们到了新的交流地点，炉火已经点起，就在壁炉前，我们围桌坐下，一场温暖的对话就这样展开。我忽然想起王永彬的《围炉夜话》来，作者以"安身立业"为总话题，分别从道德、修身、读书、安贫乐道、教子、忠孝、勤俭等十个方面，揭示了"立德、立功、立言"皆以"立业"为本的深刻含义。而今我们就是在一个真实冬日的壁炉前，倾听具有全球影响力企业缔造者分享"立业"之本的深刻含义。

⊙ 第一则，做出来是天才，做不出来是人才

任先生说，华为的容错率是很高的，放手让大家去做，在研究上要允许大家犯错误，要给时间和空间让研究人员安心去做。假设一个新研究项目能够做出来，那华为就获得了天才；假设一个新研究项目做不出来，华为就得到人才。因为能够成功的项目非常少，所以是天才。而项目失败的研究人员，他们经历过失败，知道失败的滋味，同时努力过，奋斗过，所以一定可以更好地总结过去，不重复犯同样的错误，继续前进，这正是公

司所要得到的人才。

⊙ 第二则，金钱变知识，知识变金钱

华为是一个有战略耐心的公司，所有的创新和尝试，都是在主航道上做出的选择，由战略做出界定。所有创新项目的选择，已经通过战略做出筛选。这个过程，可以用两组数据来说明，据了解，华为2016年研发投入120亿美元，其中30亿美元用于研究创新，2万人参与，这是一个金钱变知识的过程，这个过程就是把广泛的信息最终变成与华为公司战略相匹配的知识。其中用于确定性开发90亿美元，6万人参与，这是一个知识变金钱的过程，把与战略相关的知识转化为华为的技术与产品，让华为具有持续的市场竞争力和战略上的领先能力。

⊙ 第三则，没有基础研究，无法成为平台

企业如果想成为平台型企业，一个核心关键是：企业需要有基础研究，需要在基础研究中做大量的投入。这次交流又给了我一个特别的视角，是因为华为愿意在基础研究上投入。一个在多个领域取得成功的企业，一定是一个平台型的企业，而成就一个平台型企业，在任先生看来，就需要有基础研究，没有基础研究，不可能成为平台型企业。

⊙ 第四则，生存依靠绩效

任先生从另一个角度谈了他对手机业务的看法，让我真心钦佩。他说，华为手机业务的确发展得很顺利，也非常好。但是对于华为而言，主航道外的项目的衡量，还是以业绩为主。对于主航道外的项目的衡量，还需要一个更重要的维度，那就是项目本身要达到华为对于盈利的要求，以及正现金流的要求，如果在约定的时间里，达不到这两点，不管这个项目有多大的影响力，也是会被关闭的。企业必胜的信心不能建立在远见和长期的预期中，而应该是建立在真实的绩效基础上。

⦿ 第五则，内外合规

华为对于内外部的合规要求都是极为严格的。华为从依赖个人，到可以制度化可持续地推出满足顾客需求的、有市场竞争力的成功产品的转变，就是在任先生1997年访问了IBM等公司，决定进行管理体系的变革和建设开始的。任先生当时就提出了"先僵化、后优化、再固化"的变革指导思想，这也是华为能够建立一套行之有效流程的关键所在，华为以此建立了自己内部合规的习惯。而"构建和谐的商业生态环境，让华为成为对当地社会卓有贡献的企业公民"，我想这是任先生及华为对于内外合规的理解和选择。

⦿ 第六则，华为是一家全球化公司

一次在瑞士，我们有幸见到华为瑞士公司的负责人，这是一位外籍人士，朋友问："您在中国公司里工作的感觉如何？"这位华为瑞士公司负责人说："华为是一家全球化公司。"这个回答让在场的中国人都很惊讶，我把这个转述给任先生，他自己也笑了，回答说，华为的确是一家全球化公司。现在华为建立起了一个全球体系，华为的销售额中超过70%来自海外市场，华为的产品及解决方案已经应用于全球100多个国家，在海外已经进行了全球架构的组织布局，按照"围绕着人才设立机构"的原则，通过跨文化团队合作，已经实现全球异步研发战略。

⦿ 第七则，中国稳定的基础是制造业

任先生总结一个国家发展的规律。他说，美国依靠石油产业奠定了自己国家的经济稳定性；英国依靠黄金奠定了自己国家的经济稳定性；而中国有13亿人口，中国需要更多的就业机会，才会有稳定的经济基础，所以中国应该和德国一样，以制造业为核心，依靠制造业的发展来获得经济的稳定性。

⊙ 第八则，多元文化与独立的人

谈到深圳，任先生认为深圳之所以在中国有着极大的特殊性，是因为这个城市具有两个最大的特点：多元文化与独立的人。深圳的故事就跟硅谷的故事是一样的。深圳是中国最先走上开放改革道路的地方，深圳有着非常多的发展、开放的基因。

⊙ 第九则，理想主义+奉献精神

独立的人是一个什么样的人？任先生认为是具有"理想主义+奉献精神"的人。华为的几个广告一推出就引发了巨大的反响，这几个广告也是对任先生关于"理想主义+奉献精神"的诠释。任先生说："上帝粒子研究的最新发展，那是厚积薄发；跌倒了的乔伊娜，依然抬起头来冲锋拿冠军，那也是厚积薄发！"我非常喜欢这两幅广告，亦如我喜欢"芭蕾脚"与"布鞋院士"的广告一样，理想、奉献、艰苦、奋斗，这是华为崇尚的"人"。

⊙ 第十则，不需要感恩，只需要契约

谈到员工与公司的关系，我们提到了"感恩"这个词，在我们的认知里，觉得当一个公司能够给员工提供好的工作环境，让员工获得好的收入并能够不断成长，这个员工应该有一种感恩的心。想不到任先生不接受这个观点，他说，在华为，我们不需要员工感恩，如果有员工觉得要感恩公司了，那一定是公司给他的东西多了，给予他的多过他所贡献的。我听到这里，就问身旁的曹轶，在公司工作十多年，她怎么理解任先生这个说法，她的回答也给我很大的触动，她说，她更多感受到的是"责任"，而不是"感恩"。田涛也随之附和说，华为与员工之间是一种契约信任的关系，不会用感恩或者情感作为纽带。

⊙ 第十一则，华为更像军队文化

一个企业如此强调流程，我们自然就认为华为是一家更贴近西方文化

的公司，任先生没有完全同意。我谈了自己的看法，觉得华为更像军队文化，任先生确认，他认为华为的确是军队文化特质。田涛补充说，华为更像美国的军队文化。想到美国军队，我总是会想到西点军校的22条军规，以此来看华为，的确觉得非常接近，甚至可以认为华为本身就是一个商业军队。

⊙ 第十二则，华为最强的是财务体系与人力资源体系

当姚教授和我问任先生，他觉得华为成功的核心点是什么？他回答说："还是财务体系和人力资源体系"。

⊙ 第十三则，真正的人力资源策略都是反人性惰怠的

关于华为人力资源部分，谈到华为人力资源策略，想不到任先生讲了一句非常特别的话，他说："真正的人力资源策略都是反人性惰怠的"。任先生抬高他的手说："企业要想生存就要逆向做功，把能量从低到高抽上来，增加势能，这样就发展了。人的天性就是要休息、舒服，这样企业如何发展？"任先生正是通过洞察人性，激发出华为人的生命活力和创造力，从而得到持续发展的企业活力。

⊙ 第十四则，"在有凤的地方筑巢，而不是筑巢引凤。"

华为布局全球的能力，是把能力布局在人才集聚的地方，用华为的话来说就是："在有凤的地方筑巢，而不是筑巢引凤"。机构随着人才走，不是人才随着机构走。是在全球找人才，找到这个人才围绕他建一个团队，不是一定要把他招到中国来。在任先生看来，离开了人才生长的环境，凤凰就变成了鸡，而不再是凤凰。

⊙ 第十五则，人是最重要的

人是最重要的，认识到人才的价值，也要给人才合理的回报、合适的

价值空间、合适的工作环境。一个小插曲，我们交流的会议室，是一个有着欧洲风格的房屋。我们觉得整体装饰很漂亮，但是任先生说："这是华为最早设计的办公场所，还很土气，现在的东莞松山湖总部就非常漂亮了，这个还不达标"。在华为看来，人比机器重要，因此尽量把人装备好，把环境做好。

⊙ 结尾

　　也许是火炉的温暖，也许是话题本身，时间在不知不觉中溜了过去，想不到已经到了我们要赶往机场的时间。当任先生知道我们要赶去机场，马上嘱咐服务员把本来是他自己预定的午饭送上来给我和姚教授吃，我们也就客随主便，把任先生和家人预定的盒饭给吃掉了。之后，他陪着我们下电梯到车库，想不到他会为我拉开车门，那一刻被任先生细致、平和的品性所折服。

　　车行驶在去机场的路上，我回想这一个上午，在整个上午的时间里，只有我们和任先生之间安静地交流，没有人来打扰，没有电话进入，一切都是从从容容，也是那样的专注，这一点可见华为的品质。

　　虽然我算是比较熟悉华为的人，但是与任先生面对面地交流，依然感受到还有很多需要从机理上去理解的东西。也许下次的交流，我可以延续《围炉日话》这个题目。这一次多少有点可惜的是，我们沉浸在交流里，竟然忘了照张合影，在一个刷脸的时代，不能不说是一大损失。

（2017-01-17）

需要定力来面对不确定性

导读：我们要开放而积极地去拥抱不确定性，要相信集合智慧，超越自己，即可在不确定性中获得机会。

2017年，不确定性对每个人都是一种考验，这需要内心的定力。无论采用什么方式和途径，获得内心定力的确是非常重要的，因为这直接影响到你和你的组织能否驾驭不确定性。换句话说，不确定的是环境，确定的是自己。定力来源于四个最重要的心态，它们分别是：积极的心态、归零的心态、开放的心态和确信的心态。

⦿ 积极的心态

山东六和集团创始人张唐芝先生说过一句很经典的话："凡事往好处想，往好处做，必有好结果。"这句话给我很大的帮助，也让我借此可以积极去面对很多挑战和压力。很多时候人们没有解决问题或者是出现很多冲突，其根本原因可能是想复杂了，甚至把人也想坏了。如果持有"凡事往好处想，往好处去做"的心态，这一切都可以转化。

我自己的感受是，对任何要做的事情，单纯去做，结果自然而成。并不是外在的环境不提供机会与条件，更大的原因是我们没有单纯去做事情，反而因为困扰无法做成事情，问题的关键是在我们自己的心态。不确定环境下，对模糊性和风险的承受能力是关键，控制风险也是一个基本的要求，所以Facebook创始人说：最大风险是你根本不去冒险。是的，这种积极的心态是极为关键的，如果没有积极的心态，很难去迎接不确定性。

⊙ 归零的心态

心态归零是帮助人们面向未来的一种心态。要学会归零，因为纠结于过去，对于将要发生的事情而言，都是没有意义的。每一个未来都需要面对新的挑战，需要新的成功来佐证；每一个未来都会产生新的问题，需要新的解决方案。对于学习的理解，我也希望能够运用所学的知识去看未来，而不是用所学的知识去总结过去。比如，我和 EMBA 的同学交流，有些学生学完了课程之后，发现自己很多东西都不懂，我觉得这是真学到了；有些学生发现原来老师讲的东西自己都做过，我反而对这些同学非常担心，因为他只是在验证自己已经成功的东西；我最怕的是第三种情况，学完了之后才发现原来老师讲的都没用，还是自己最厉害。后两种情形，都说明学生们没有心态归零，第三种不仅仅是没有归零的心态，连学习的心态也没有了。所以听到一些企业家说教授没什么用的时候，虽然我不认同，但是反过来我觉得这里面有一个道理大家要懂，如果我们学的知识都是只为了证明过去的话，这个知识确实没用。要知道，心态归零不仅仅是一种训练，也应该成为一种习惯。

⊙ 开放的心态

你一定要打开自己，而且要真正彻底地打开。"打开"这个词是非常有意思的，它是要由内而往外推开，不是拉开，拉开是从外往里。你只有打开才能包容、接纳，才能真正理解这个变化。包容变化、接纳挑战、学习未知，做到这些需要一个开放的心态。包容、接纳也是对自己的要求，包容自己，接纳自己，这样才可以在遇到挑战和冲击的时候，不至于为了保护自己而做出抵触。所以具有开放心态的人，才能够包容变化，接纳所有，也因此可以获得成长。

⊙ 确信的心态

我觉得确信的心态很重要，因为这也是一种信仰的力量。信仰就是一种相信的力量，只要你相信，其实你就有了信仰的力量。中国文化下，有一个很有意思的现象，那就是很难建立陌生人的信任。如果无法建立陌生人的信任，更大范围的合作也就无从谈起，所以一个需要整合资源、持续发展的企业，就必须与陌生人建立关联。但是在中国，关系很重要，不是大家想拉关系，很大的原因是陌生人不能信任，必须借助于各种关系来辅助以建立信任。这种无法建立陌生人信任的原因，是我们缺少确信的心态。管理中非常需要有这样的确信的心态，需要有相信的力量，这个力量真的是无穷的。在我自己的成长过程中，有三点极为重要。

一是相信梦想与目标的牵引力量，这份力量不受环境变化的影响。

二是相信伙伴的团队力量，尤其是要相信自己的上司，这份力量能够集结而成，并陪伴你一直前行，冲破阻碍。

三是相信自己的力量，这份力量有着无限的可能，你的能力超乎你的想象。

这三点要同时存在，要相信目标、相信团队和上司、相信你自己，拥有这份确信的心态，会带给你无限的可能，所以我特别喜欢泰戈尔对于爱情的一句话："因为相信，所以看见"。

以上就是获得管理者定力的四个心态，对于面对不确定性而言，是非常重要的。我们要开放而积极地去拥抱不确定性，要相信集合智慧，超越自己，即可在不确定性中获得机会。

（2017-02-03）

2018 年的关键词

导读： 在接下来的 2018 年，我们最需要注意的是如何认知与选择，如何创造与创新，如何用面向未来的能力来提升自己。面对 2018 年的经营环境和经营选择，我用几个关键词来表达。

2017 年有很多标签，"不确定性""互联网下半场""人工智能""知识革命""数字化生存"等，这些标签最后被归纳为一个最重要的特征："一切都被重新定义"，这些不断变化的时代调性对于每一个人都是巨大的挑战。

⊙ 2018 年环境认知

从 2016 年开始，我便一直强调：创造未来比预测未来更重要。因为未来无法预测，而更重要的原因是，在技术驱动变化的环境下，唯有创新方可与时代同步。所以，对于将要到来的 2018 年，我依然不是用预测的方式，而是用认知的方式来谈谈我的想法。在接下来的 2018 年，我们最需要注意的是如何认知与选择，如何创造与创新，如何用面向未来的能力来提升自己。我认为，我们需要从以下四个方面来理解 2018 年的经营环境。

新时代

党的十九大制定了新时代中国特色社会主义的行动纲领和发展蓝图，并明确指出社会主要矛盾已经转化为人民日益增长的美好生活需求和不平衡不充分的发展之间的矛盾，这意味着一个"新时代"的开启，也是全新的发展机遇的开启。你需要很好地去理解新时代的内涵，去理解新发展模式的内涵，去理解中国与世界发展格局的机遇。而从全球视角来看，新时代意味着"不对称性""复杂性"及"不确定性"，变革不会以你的意志为转移，无论你是否已经准备好。

万物互联

因为互联网技术，人们已经感受到整个环境是在更广泛的互联互通之中，但随着互联技术、智能技术、数字技术的深度发展，任何一个要素的变化都会触及整体的改变，比如，"30分钟"送达的出现，零售业开始全面转向新零售，甚至很多人还未能够说明白什么是新零售，却已不得不踏入新零售的大潮之中。今天的任何一个创新已经不仅是速度和效率的问题，而是影响到整体，包括如何理解人、社区和环境之间的关系。今天你选择任何一个行动，都需要去理解生态、社会及整体。

数字化生存

数字化生存最核心的特征就是企业的寿命、产品的生命周期、争夺用户和行业更替的时间窗口都在以前所未有的速度缩短。今天的商业系统就像是一个极速奔跑中的运动员，每一段位移都伴随着心率的加快、呼吸的增速和越来越难以挣脱的窒息感。驱动整个系统加速运转的"强心针"无疑是技术——技术带来的数字化商业模式周期更短，这一点很多人都看到了。容易被忽略的一点是：数字化时代不仅是加速度的"量变"，更是底层商业和战略逻辑的"质变"。

我们观察到一个非常危险的现象：今天几乎所有的生态企业都还沿袭工业时代的逻辑——连续、可预测、线性思维。它们用整合、多元化方式进行有计划的布局，虽然冠以"生态战略"之名，然而战略的本质并没有改变。数字化时代的未来是复杂的。数据、协同、智能等要素碰撞在一起，将重构商业系统的结构，带来非连续、不可预测和非线性思维。如果仍然沿袭工业时代的逻辑，企业就会不具备应对复杂性所需要的"大规模作战能力"。那么，其实企业的规模越大，"崩盘"的速度也就越快。

回归生活

最近几年，无论是苹果、Facebook、亚马逊，还是腾讯、阿里巴巴、华为，这些超大型企业的远见与野心，决心与执着，活力与创新，深刻影响着人们的生活，影响着整个世界，甚至人类的未来。当大公司崛起，拥有与新创企业一样的热情与挑战力的时候，世界也会为之而改变。

而最让人惊喜的是，在这些崛起的大公司中，我们看到了越来越多的中国企业的身影。它们开始创造出除了自身价值之外的更广阔的商业想象空间，甚至直接撼动了被垄断多年的资源性传统行业。无论是阿里、百度、腾讯，还是华为、海尔、美的，中国企业开始以其品牌真正出现在终端消费者的心中。这些企业代表的共性特点非常显著，即为追求更美好的生活所带来的价值。由于美好生活的定义不再局限于产品的使用功能，更倾向于实现美好的向往，这样的需求不再局限在原有的市场领域，而是迅速地创造出了新需求、新市场；人们开始不再仅仅追求产品带来的同质化生活，而是开始追求个体满足感和过程体验感。

⊙ 2018年经营选择

如果我们能够这样去认识环境，我可以借助于这些认知来做出经营上的选择，来安排企业发展的策略。2018年也如过去的2017年一样，会有很多的不同和不确定，这些不同需要我们用全新的视角去看待，去理解"新时代"下的经济环境，同时，也需要我们找到属于自己的经营策略，并采取行动。面对2018年的经营选择，我用下面四个关键词来表达。

顾客界面

在今天，最打动消费者的不再是解决家庭生活便利的消费品，而是人们之间的共鸣与分享。崛起的企业之所以能引领世界，因为它们更了解并代表了有消费能力的大多数人的生活感知，代表了对于美好生活的向往，也因此更具备创造新市场的能力；它们有能力离开已有竞争者的红海市场，再创造出一个解决某个需求的巨大蓝海。更重要的是，它们本身代表了充足的生长空间。我非常喜欢史蒂夫·乔布斯说过的一句话："要从客户体验着手，再返回到技术层面。"所以，最重要的选择是让美好生活成为你的顾客界面。

确信

我们的确已经进入一个全新的时代，承认无知要比消耗资源去预测未来更具有战略优势。任正非说：方向大致正确即可。有人说得更为极端：预测不如随机选择。我不去评价这些说法，而是提醒大家关注，这就是这个时代新特性。因为这样的特性，要求管理者具有更强的定力，拥有确信的能力。要确信你的目标具有足够的牵引力量，目标一定是可以实现的；要确信你的上司、团队和伙伴，确信他们的智慧可以应对不确定性和复杂性；要确信你自己，确信你的能力超乎你的想象。是的，不确定的是环境，确定的是我们自己。

协同

组织效率不再来源于分工，而是来源于"协同"，协同创造价值已经越来越显现出其重要性。借助于协同，企业能够创造性地解决在外部环境决定组织绩效的环境下，组织效率从哪里来的问题；借助于协同，企业能够更好地参与到"人类命运共同体"的建设中；借助于协同，企业能够更好地与行业合作伙伴、社区及其他各界一起探索、共建与共治。

因此我一直建议，如果你清楚谁是你的对手，我会非常担心你；如果你知道谁是你的合作伙伴，我就会安心。真正的对手只有我们自己，为达到协同效率，无论是组织内部还是组织外部，都需要调整自己的价值取向，我们将其确认为"诚、利、信、不争"。无论企业目前处在什么阶段、什么位置，形成协同价值取向、协同工作的逻辑，打开组织的内外部边界，跨界协同，形成协同效率都是一个必要的选择。

员工的创造力

组织成员具有持续的创造力是企业应对不确定性的解决之道。如何建立员工与组织之间的共享平台，让组织成员释放出自己的创造力，是2018年企业必须做出的选择，其核心是寻找到与企业价值观一致的成员，给予其平台与资源，帮助员工挖掘创造力。要做到这一点，人力资源管理需要从评价投入转为评价产出，从关注胜任力转向关注创造力；组织功能从管控转向赋能；而企业文化从强调组织价值转向强调共享价值；企业领导者从管理者转向伙伴。释放员工的创造力一定要从"命令—控制"式管理向"授权—赋能"式管理转变。

  当我写下对于2018年的判断和策略选择之时，知道一切还在变化之中，一切也皆有可能。但是，我依然对新的一年充满期待，这是因为生意本身就是生活的意义，技术使商业活动更加贴近生活本身，贴近美好。当我为《财富》杂志撰写文章的时候，也明确地表达了我的观点：融合生活，驱动人类进步会是下一篇章。让我们满怀对美好生活的向往迎接2018年的到来。

（2017-12-10）

这个时代没有旁观者

导读：这是一个没有旁观者的时代，每个人都需要真切地理解到："以指数速度发展的并不仅仅是技术，改变自身也在以指数速度发生。"

2018年就这样自然而然地来到我们面前，无论我们用什么样的心态迎接她，她都已经真实地融入我们的每一天、每一刻，并开始记录每一个人的生命轨迹。

我们在毫无准备之中来到一个信息的传递十分迅速的时代，电话从发明到普及用了几十年的时间，智能电话的普及只需要几年。2017年华为正式公布人类第一部"智慧电话"，我不能想象这个电话普及的速度会有多快。到了2018年，有一件事情我们不得不接受，那就是机器正在想办法变得更智慧，人类自身该如何呢？

还记得微软前首席执行官史蒂夫·鲍尔默（Steve Ballmer）在接受《今日美国》采访时表示，苹果手机根本没有任何机会获得巨大的市场份额，这算是误判吗？今天来看，答案显而易见。但是我更希望大家可以从另外一个角度去理解：如果不融入时代的变化中，哪怕拥有曾经被证明成功的经验，也会带来误判。

最近在重看托马斯·库恩（Thomas Samuel Kuhn）的《科学革命的结构》一书，在这一经典著作中，库恩把包罗万象的思想体系称为"范式"。他说，即使是最严谨的科学家也会常常忽略或者误读数据，以维持占统治地位范式的"一贯性"，并为某些科学理论出现的漏洞进行辩护。是的，我们每个人的思维习惯不同，却都根深蒂固。

也许，在过去的时代里，这些"范式"曾帮助我们展开对话和推动进步，但是，当我们来到2018年，来到一个数字化时代，这些"范式"已成了陈旧的过去，它们比毫无用处还要糟糕，甚至会产生反作用。一系列的"颠覆""打破""爆裂""迭代""跨界""重新定义"等词汇被人们变为"常识",因为快速变化的未来的最根本的特征就是要摧毁所有"僵化的事物"。

就如谷歌公司的执行董事长埃里克·施密特说:"我可以非常直接地说,互联网将消失。"这一系列充满"革命性"的标签,几乎把每一个人都裹挟着进入这个全新的时代,没有喘息的机会,没有停滞的可能,也无法逃脱与躲避,我们几乎在"一夜之间"要成为"数字原住民",但可怕的是,我们甚至连"数字"意味着什么都还不了解。

我们今天谈的很多概念在以前也许就不成立。比如手机,我并不愿意换它,可是我不得不换,因为我的学生说老师你落后了,证明你落后的地方就看你拿什么手机。为什么会是这样的?原因就在于手机的内涵变了,它变成了一个人看世界的窗口,如果你仅仅依赖一个传统的手机,就意味着你看世界的能力已经变得落后于时代。

这是一个持续变化的时代,新范式的颠覆性变化越来越快。有一位研究变革的学者问:"如果'稳定—破坏'这一历史模式自身被破坏了呢?"先不要急于寻找答案,需要接受的事实是,变革不会以你的意志为转移,无论你是否已经准备好。

所以,"变"是确定的、实在的,我们甚至可以称之为"真"。在这样"变"的时代里,没有人可以成为旁观者,因为存在任何一点"停滞"或者"侥幸",你都会被瞬间淘汰。如何在"变"中安身立命?如何与时俱进?如何成为一个时代者,而不是一个被淘汰者?这是 2018 年开篇就需要我们接受的挑战。为此,我们该做些什么?

答案是:要知道什么是"不变"的!

"商业的本质就是回归顾客价值"不会变。亚马逊的创始人杰夫·贝佐斯(Jeff Bezos)在一次演讲中讲道:"人们经常问我,未来 10 年什么会被改变?我觉得这个问题很有意思,也很普通。从来没有人问我:未来 10 年,什么不会变?在零售业,我们知道客户想要低价,这一点未来 10 年不会变。他们想要更快捷的配送,他们想要更多的选择。"

"保有生活的意义"不会变。我们生活在充满动荡的时代中,因而对生命意义的追寻成了强劲的动力,在面向未来的大趋势中,精神力会呈现出关键的价值,技术会让人们更容易相互连接,并要求高度协作,如果找寻不到彼此认同的价值观，或者内在的隐含的意义，人们是无法处理因为"变"而带来的、更为复杂的内容与快速迭代的现实。

"良知"不会变。西奥多·帕克（Theodore Parker）这样说："我不想假装理解世界的道德；天际广阔，我极目远眺，视野依然有限；我无法计算世界的弧度和广度，只有遵循着良知的指引。就我所见所知，我肯定，它指向正义。"

让我内心震动，百年后马丁·路德·金（Martin Luther King Jr.）改写帕克的话，将道德之弧（Moral Arc）的概念注入我们的集体意识中，而在一个技术潮流以前所未有之势冲击现实的世界里，天赋中的善、同理心、爱愈发显得珍贵，它们应该被置于一切所追求事物的核心，因为"恶意因素在复杂系统中无处不在"，网络安全专家斯蒂芬妮·福雷斯特（Stephanie Forrest）指出："生物系统、生态、市场、政治系统，当然，也包括互联网，均是如此。"相较于这样的环境，成功的关键在于内在的力量，即你天赋中的道德意识——良知。

"行动才会让你找到路径"不会变。我总是记得头条新闻评价"阿尔法狗"与李世石对弈中，"阿尔法狗"历史性的那一手棋："这一手展示出了如此深刻的人类特性——即兴创作、创造性，甚至是某种优雅和魅力。我们由此得知，这部机器拥有灵魂。"我不懂棋中之乾坤，我只是不断琢磨，如果"阿尔法狗"没有做出这一不同寻常的选择，因为它计算得到的结论是"人类下这一步棋的概率是万分之一"，但它选择了下这一步，正是这一步，让其拥有了"灵魂"。这是这场世纪大对决带给我的真正的震撼。如果我们不迈出一步，不去展示人类的特性，淘汰的只能是人类自身。

这是一个没有旁观者的时代，每个人都需要真切地理解到："以指数速度发展的并不仅仅是技术，改变自身也在以指数速度发生。"因此，从2018年的第一天开始，我鼓励自己，也同样鼓励你：不要认为自己可以抽离，要依然按照自己习惯的逻辑生活，不要侥幸地认为改变只是别人的事情，与自己无关；不要让过去对你产生太多的影响而无法接受未来，不要让喧哗的世界困顿你而无法安静，不要让"变"的动荡胁迫你而无法选择，不要让挑战冲击你而无所适从。要记住，人类特性——即兴创作、创造性、甚至是某种优雅和魅力，我们唤醒本能即可。

科幻小说作家威廉·吉布森（William Ford Gibson）曾经说过："未来已来，只是尚未流行。"在一个"变"为真实的世界而言，我说：未来已来，而且正在流行。

2018，愿你我成为一个时代者！

（2018-01-01）

2019 年的关键词

导读：我们可以从多元与个性化、数据即洞察、冲刺式马拉松长跑、产业价值是关键四个方面来理解 2019 年的经营环境。对于 2019 年的经营选择，也可以用几个关键词来表达：连接共生、长期主义、聚焦主业、知识赋能。

2018 年是很难描述的一年，互联网技术的挑战、数字化带来的价值重构、全球市场的变局、民营企业退场论，甚至有人认为冬天来临了等，这一切已经无法用"不确定性"来描述，而是更加复杂与多变。

从 2016 年开始，我便一直强调：创造未来比预测未来更重要。一方面的确是因为未来无法预测；另一方面是因为在技术驱动变化的环境下，唯有创新方可与时代同步。

所以，对于将要到来的 2019 年，我依然不是用预测的方式，而是用认知的方式来谈谈我的想法。在接下来的 2019 年，我们最需要探讨的是如何认知与选择，如何创造与创新，如何用面向未来的能力提升自己。我认为，可以从以下四个方面来理解 2019 年的经营环境。

⊙ 2019 年的经营环境

多元与个性化

价值观的多元，技术应用的场景化与普及化，层出不穷的创新……当真切地去体会我们所在的环境，你会发现，年轻人所组成的新社群是由个性化、自由及责任感组成的新混合体，处处显现出更多的生机，处处显现出创造与创新。繁荣的线上市场、生动的数字生活、活跃而令人振奋的社群，这一切都导致多元化与个性化成为可能及存在。

数据即洞察

也许在 2018 年之前，人与数字世界之间横亘着一道天然断层。但是，从 2019 年开始，大数据的成熟应用正在将这道断层变得狭窄且稀薄，人工智能在世界范围内引发了新一轮竞争，将传统的组织竞争重新进行了天翻地覆的定义。这一系列改变仍在继续，数字技术也将不断渗透到组织的方方面面，彻底改变组织与顾客、组织与世界的互动方式，在新的经济模式中打破现实与虚拟的疆界。

冲刺式马拉松长跑

在过去很长一段时间，基于互联网迅猛发展的现实，很多组织不断依靠线上红利寻找新市场、新资源、新机会，带着组织追求快速发展的目标，纷纷试图追赶整个商业世界在过去一百年中成熟起来的节奏与步伐。

这其中，不仅有新兴组织依靠技术的崛起实现了逆袭和超越，也有传统组织通过转型在扩大线上版图的过程中发展得风生水起。在互联网的商业竞争中，所有的组织都在进行一场冲刺式的马拉松长跑，稍有闪失便会被淘汰，这是组织参与竞争的一种结果。因此，要面对的残酷现实，机遇背后是更广阔的市场，同时也是更复杂和更长久的考验。这种更复杂与更长久的考验，则需要组织能够持续保持创造价值，唯有如此，才可以在一个冲刺式的马拉松长跑中到达终点的旗门。

产业价值是关键

最近几年，因为互联网技术及消费行为的改变，倍数增长的公司大量涌现，被称为"独角兽"的公司获得了前所未有的关注度。但是，接下来，最重要的将是数字技术与互联网技术赋能产业所带来的更高的效率、更低的能耗及更智能的应用；技术驱动行业、市场及顾客需求的满足方式都发生着前所未有的变化，因此也带来了很多不同于以往的发展机遇，能够获得全新价值的关键在于对产业本质的理解，以及产业运行的效率，即技术要有能力真正驱动产业进步，而不是技术进步本身。

上面这四点，就是我对于2019年经营环境的认知。如果这样去认知环境，则可以借助于这些认知来做出经营上的选择，从而制订企业发展的策略。面对2019年的经营选择，我用下面的关键词来表达。

⊙ 2019年的经营选择

连接共生

科特勒说，"把独享当作目标的日子已经一去不复返了，包容性才是商品游戏的新主题"。在巨变的商业环境中，几乎每个企业都在商业的各个领域建立了生态网络联盟，每个联盟都力图通过建立伙伴关系达到总体大于部分之和的效果。

苹果令人震惊的异军突起，一方面源于乔布斯的正确指引，另一方面源于苹果创建的包含众多软件开发商的生态网络，为众多的软件开发商开辟了全新的路径，获得了与用户直接互动的机会。

我坚持认为"连接比拥有重要""核心不是分享而是协同"，连接共生会带来全新的价值格局。

长期主义

在不确定的环境下，需要企业更清楚自己的经营假设，更明确企业要为顾客创造价值，要推动社会进步，要为人类美好生活做出努力的价值取向。

巨变的环境会带来很多挑战，同时也会带来很多诱惑。如果仅仅是为了短期利润，或者采用机会主义的价值判断，会带来不可逆转的伤害。

越是在动荡的时候，越要坚持让企业的基本假设符合长期发展利益。唯有如此，才可以拥有内在的驱动力量，去完成冲刺式的马拉松长跑。

聚焦主业

产业互联网的核心价值是产业本身，而透彻理解产业本质是需要深耕主业、聚焦主业的。企业要把自己的主业价值做得更好，不断激活主业，重构成本，让产业本质回归顾客价值。唯有如此，方可以让互联网技术、智能技术体现产业本质。当企业可以创造出不可替代的价值时，才能够获得真正的技术赋能的价值，不可替代的价值的获得途径就是聚焦主业。

知识赋能

将创新视为一种常态，企业不仅要有目的地寻找创新的来源，寻找预示创新成功的表现和征兆，而且要能够把创新的工作习惯传递给每一位成员，让创新成为基本的工作形态及日常的思维习惯。

做到这一点，就需要让知识为员工赋能。正如德鲁克对知识的定义那样，知识是一种影响未来行为的潜在能力，当组织转变成以知识驱动，让员工拥有知识，就意味着让他们拥有面向未来的能力，以及驱动创新的能力，也就拥有了不断适应变化、长久创新与创造价值的能力。而知识赋能的核心在于如何让个体学习转化为团队学习。

当我写下对于2019年的判断和策略选择之时，最大的感受是，在一个不确定性是唯一确定因素的状态下，用长期主义来引领企业和自我，会带我们走出一条成长的路。

2019年需要的不是了解不确定性，而是要清晰地把握确定性。我甚至认为，2019年是一个分水岭，一个自我确定与外界不确定的分水岭。

所以，我依然对新的一年充满期待。

（2018-12-08）

做好每一个当下[①]

导读：面对当今的环境变化，如何帮助和推动我们所在的领域和事业获得更好、更持续的增长？根据我的研究，我认为必须"共生成长"。

2018年开始之后，全球新格局之下，我们遇到了三个最大的挑战。

第一个挑战就是不确定性的增加；

第二个挑战，也是最大的挑战，与过去不同，整个宏观环境不再呈高速增长状态；

第三个挑战是新兴产业和新兴技术，它们带来的变化和产生的新空间是我们之前从未有过的。

这三个挑战导致无论做经营还是在市场中寻求自己的位置，我们都需要有一个能力——能够从环境中看到机会。

下面，我就从这个角度来跟大家讨论。

⊙ 理解环境的八个变化，才能看到新机会

所有东西都在不断升级

我们必须知道怎么让自己更新到新的方向上去。我们必须做的就是升级，这对每一个产业都是一个很特别的改变，它会重新定义每一个行业。

前一阵子讲得最多的就是虚拟经济和实体经济之间的冲击。未来我们没有虚实这个概念，其实都会融为一体。它们融为一体，产业就是在升级。在产业升级的过程中，产品和服务要完全融合，如果还停留在原来的状态当中，你就不会有机会。

[①] 本文根据作者2019年8月3日在华南理工大学长三角校友创业发展论坛上的"共生·成长"主题演讲整理而成。

一切都正在转换为数据

先讲个小例子,你现在出去吃东西,其实是由数据在帮你做选择,因为你会到大众点评上看一堆的数据,最后决定去哪个餐厅、吃什么菜。以前到杭州,你想到的是楼外楼,想到的是叫化鸡。但是今天你可能不会这么想,你可能会先打开大众点评,在那里决定吃什么。你会发现你的生活也在转化为数据。

当一切转化为数据,有两个东西实际上发生了彻底改变:一个是效率提升,一个是模式创新。

看一下阿里巴巴,它做的一件最重要的事情就是让各个产业数据化。当它决定做零售的时候,零售不再是货的概念,而是物流、配送和支付的概念。当这三个概念组合起来,你就会发现零售业的底层不是客流,而是数据流。数据流决定了这个行业,它所有的价值完全改变了。所以,当传统的零售业只基于客流来做的时候,就会发现没有什么机会了。

这就是各个行业被调整的一个背后原因,即它完全被转为数据化。当它数据化的时候,无论从模式创新,还是从效率提升上,都会带来彻底的改变。任何行业都有机会去创新,任何行业都有机会重新调整产业的效率。当你能够重调产业效率,你就会发现,行业之间的距离也被调整了。

大多数的创新都是现有事物的重组

今天比较好玩的一件事情,就是绝大部分的创新,其实是很多现有事物的重组。我们以前在做一个新东西的时候,有一个很大的成本需要支付,就是要教育消费者接受这个新东西。但是今天几乎不用,为什么?因为它是现有事物的重组。

用三组数字对比一下:有线电话普及率从5%、10%提到40%,花了近30年;移动电话普及率从10%提到40%,只需要6年半;智能手机普及率从10%提到40%,只用了3年半。

这个时间为什么会如此快地缩短?就是因为现在的很多创新是现有事物的重组,人们易于接受,没有学习曲线,也不需要经验曲线。今天,我们几乎所有的东西都在朝这个方向走。当你理解这个概念的时候,你就会发现，下面列出来的这些你不会觉得陌生。

你只是转换一个应用的场景：你还是在支付，只不过在手机上支付；你还是在开汽车，只不过它是一台新能源汽车；你还是在招出租车，但你用的是软件。

当不需要教育顾客的时间时，行业被颠覆的速度就会非常快，因此也需要我们所有人懂得，创新要有更多的可能性，要对今天的东西更加了解。

我常常跟很多人讲，说你不会创新，并不是因为你不知道新东西，而是你并不知道原有东西的本质需求到底是什么。当你理解这个本质需求的时候，你对创新就更容易理解。

我们看新零售和零售本质上没有任何变化，因为零售的本质就是便宜、便利、便捷三样东西。新零售由于加进了数据逻辑，在便利、便捷和便宜方面比传统的零售表现得更好。

深度互动与深度学习

今天，能够帮助人们找到机会的一个最重要的能力，就是学习力。如果不具备终身学习的能力，我们就没有太大机会。

按照麦肯锡和 MIT 的报告，到 2036 年，我们今天几乎所有熟悉的行业的人全都会被机器替代。如果我们没有能力去做深度学习和深度互动，也可能我们确实还活在这个世界上，但在工作上我们也许都被机器替代了。

《哈佛商业评论》最近向我约一篇稿，关于 AI 对人的组织发展到底有什么影响。当我去调研一些国内做得比较好的 AI 企业的时候，感受非常深。

平安集团有 180 万人，怎么管？就靠一个巨大的机器人。他们在招聘的时候，不再用人看简历，由机器看，而且给应聘者的画像和简历的匹配非常准确。考核也不再用人，全部是机器人考核。平安集团花几亿元买来了一个巨大的人力资源机器，这个机器就可以管 180 万人。

如果你是做人力资源管理的，接下来你会发现也许这个行业就要被彻底改变了。那我们怎么才能比机器学习得还要快？你得回到学校，你不回来，可能机器就会把你替代掉。

核心不是分享，而是协同

今天，分享不是最重要的，最重要的是协同。当你能够跟更多人更大范围地合作时，你可以去迭代和寻找新的机会，你的可能性也会变得更大。

我最喜欢讲的例子是阿里巴巴。香港有一个很重要的人群叫菲佣，这一批人共同面临一个困难，就是怎么把工资寄回去，让他们的家人即时得到现金。

阿里巴巴做了一件事情，给了他们一个 APP，并在菲律宾设了非常多很小的提现金的店。在香港的菲佣只要用 APP 花上 3 秒钟，他的家人就可以得到现金。这样一个系统的应用改变了包括外汇、交易、银行在内的整个金融系统。

连接比拥有更重要

要应对这样一个全面快速变化、颠覆性创新的时代，我们很重要的一个视角，就是跟更多人连接在一起。我只需要简单讲两个企业的战略调整，相信大家就能明白。

华为把它的战略定在一个词上，就是"连接"。它认为到了 2025 年，将有数以千亿的设备要"连"在一起，其中 55% 在商业领域，45% 在个人领域。所以华为把自己的战略定位于做"连接"，让智能进入千家万户。

前不久，华为发布了它的第一款 5G 手机，但是它发布的不仅仅是这一款手机，还有它的一个叫"1+8+N"的终端战略。华为终端目前是"1+8+N"的战略，"1"就是手机，是主入口，"8"就是 4 个大屏的入口：PC、平板、智慧大屏、车机，而非大屏入口现在发布的有耳机、音箱、手表、眼镜。"N"则是泛 IoT 硬件构成的华为 HiLink 生态。其中的"1+8"是华为自己在做，而"N"则欢迎更多的合作伙伴加入，最终形成一个更为开放的生态。

华为为什么把战略变成这个方向？它认为当把这些东西都连接起来的时候，就能提供美好的生活，满足人们从生活到工作之间的连接和需求。

基于"连接"这一概念，今天，华为已经可以提供全球底层技术超过 16% 的市场份额。

另外一个是腾讯。

腾讯新的战略是"连接"。腾讯说它是一个连接器，未来这个连接器会赋能给所有的传统行业。当它赋能给所有传统行业的时候，就意味着腾讯会融入所有的行业当中。它现在已经把自己定位在这个方向，而且持续在做。它在去年以资本的方式进入 700 家公司，对于这 700 家公司所形成的各个行业的业态，腾讯通过"连接"，将它的人力资源、组织发展能力与整个管理技术直接输出。

通过跟腾讯的相关人员的交流，我感觉到，如果这个战略定位是腾讯最基本的战略方向，可以确信，这家世界前十大市值的公司依然具有广阔的成长空间。

前六个其实讲的都是机会，也就是当今天这个市场的机会比我们想象的多。如果用宏观的角度去看，或者用全球新格局的概念来看，你可能会比较紧张。但是如果从技术和变化的角度去看，你就会发现机会变多了。下面还有两个变化，同时也是我给各位的两个提醒。

颠覆从来都不从内部出现

这是第一个提醒，这种感觉会越来越明显。

未来可量化、可衡量、可程序化的工作，都会被机器智能取代

这是第二个提醒。

我去海尔做过调研。现在海尔所有的工厂全部改成了"智能互联工厂"。智能互联工厂跟以往的工厂不一样的地方是什么？以往所有的工厂的看板上都是供应的消息，但是智能互联工厂的看板上全是订单的消息，国美卖多少，苏宁卖多少，订单完成情况怎样，生产线上跟卖场之间的关联是什么……看板内容全变了。

我看的工厂比较多，第一次踏进海尔这个工厂的时候，我终于明白了为什么全世界这么在意海尔：这个工厂完成了一件未来最需要完成的事情，就是由消费端下订单，而不是由供应端下订单，也就是大规模个性化定制。海尔趟出了一条路。

从这个角度去看，你就会理解，各个方向上的调整其实都是完全调整。

现在腾讯有一款产品已经在用，就是用机器给医院读心脏病的片子，准确率比医生高得多。当他们向我介绍这个产品的时候，我知道，智能化的速度和数字化的速度其实比我们想象的要快。大家要理解我们所处的环境。

⊙ 从"竞争逻辑"到"共生逻辑"

今天的环境，从我的研究角度，当你看到这六个新机会并注意两个根本性的变化时，就意味着我们有一些东西要调整。因为环境的这个变化，你就要在战略上变化，也就是从"竞争逻辑"到"共生逻辑"。

从"竞争逻辑"转变为"共生逻辑"

过去我们常常会拿珠三角与长三角进行比较，看它们的优势或者劣势。我们常常会讲，这一轮珠三角是不是赢了？下一轮长三角是不是会赢？如果你还是这个想法，说明你还在过去那个时代，用的是竞争逻辑。

如果我们转向共生逻辑，会怎么看珠三角和长三角？就是看长三角和珠三角有没有东西协同和共生，这种协同和共生可否带来更大的成长性。其实是换个方式去看。当我们换个方式去看的时候，最根本的改变其实就需要你真的理解现在及未来我们在战略上跟过去的不同。

这是我跟廖建文老师（现任京东首席战略官）做的联合研究。我们俩一直在研究一件事情，就是在数字化背景下，战略到底变了什么？结果我们发现最大的变化，就是这个逻辑的改变。

过去我们基本上就是满足顾客需求，所以要做比较优势。读过工商管理课程的人一定学过波特的竞争战略。而在波特的竞争战略当中，三个最重要的战略就是总成本领先、差异化和专门化。这都是在做比较优势。可是在数字化背景下，最重要的并不是满足顾客的需求，而是创造顾客需求。

阿里巴巴有一点让我不得不佩服。做零售的人最重要的是靠什么？靠节日销售。既然靠节日销售，每个人在节日上都会抢，阿里巴巴就决定自己创个节，这个节就叫"双11"。它把"双11"创出来之后，大家都知道，一个"双11"一天的销售额就非常巨大。接着大家就开始复制模仿，"双12""6·18"等。我估计每一天都有可能变成节日，这也是我觉得比较恐怖的地方。今年的"6·18",京东一个平台上的销售额已经达到了几千亿元的量级。

我跟美国的一位学者交流时说,现在的经济不怎么好,结果他说了一句话:"你们中国很好,因为一天的销售额就 4000 亿元。"我无法跟他解释,只好说我们全年就卖这一天。接着他就跟我说:"不对,你们不只卖一天,你有'双 11',有'双 12',还有'6·18',卖三天。"这是创造出来的概念。为什么能创造出来?就是无论是阿里巴巴的平台,还是各种支付的平台、物流平台、上万个生产厂家,还有几亿的消费人群,大家在这一天都不做竞争,只做合作。

这就是今天这个产业很特殊的地方。今天这个产业的逻辑,在战略上来讲,是一个共生关系,绝对不是一个竞争关系。采取竞争方式,空间会变小;采取共生方式,空间会变大。我们不是在满足需求,而是在创造需求。

我常常跟很多企业讲,如果你告诉我你的竞争对手是谁,我马上就知道你不行了。如果你跟我说你跟谁在合作,我基本上认为你是可以的。这就是我们今天很大的一个变化。

这个逻辑转变并不容易。我亲自操盘的大型农业企业转型,其实就是在做员工的逻辑转变。我第一年上任,就跟同事说:"我从不担心你们懂不懂农业,因为你们有 35 年的历史。我唯一担心的是你们不知道未来的农业长什么样子。"所以我花三年努力做这件事情。

重新定义战略空间

这种逻辑的改变最重要的是我们重新定义了战略的空间。

我在过去十几年一直在做一件事情,就是想研究中国管理模式,所以我就和 25 个教师及 25 个企业家组成了一个叫作"中国管理模式奖"的遴选机构。10 年前,我们在选这些中国管理模式杰出企业的时候,这些企业都要有 15 年到 20 年的成长期,才能被我们选出来。可是到了 2018 年,我突然发现有个变化,在我们遴选的 8 家企业当中,有 5 家获奖企业的成长时间没有超过 5 年。

现在企业的成长速度远大于我们的想象,原因是什么?就是重新定义战略空间。我们过去做战略的时候，就问三个问题：你想做什么？你能做什么？你可以做什么？把这三个问题组合起来，就是你的选择，叫战略空间。想做什么是你的初心，能做什么是你有什么能力和资源，可做什么是我们把自己放在一个产业里边。

但是今天变了，你想做什么，重新定义就可以了；你能做什么，不管你有无能力与资源，看你跟谁连接；你可做什么，不受任何产业的影响，跨界就可以。

未来学校也可能是跨界的，它可能是一个投资社区，可能是一个创新社区，可能是一个学习社区，也可能是一个年轻人聚集在一起产生无限想象的社区，还可能是我们终身学习的社区。我们实际上可以让它不断地改变，当它改变的时候，大学的新形式也许就会出来。

这是我们看到的变化，今天有很多新的业态出现，我们习惯称之为"新物种"，还有一些称之为"颠覆者""重构者""连接器"。你会发现，整个商业模式的创新是层出不穷的。

怎么能够在真正理解数字化背景下，知道你战略中的根本路径是什么？就是你能不能够复兴、连接和跨界。这是我们理解"连接共生"时蛮重要的一个思考上的改变。这是我想跟大家介绍的第一个概念。

⦿ 管理由"分"到"合"

我们今天要探讨的第二个概念是什么？就是整个组织管理的变化实际上非常大。对于这个巨大变化，我用了一个词，叫"由分到合"。我们以前强调的几乎都是分工，人力资源部做人力资源部的，财务做财务的，采购做采购的，供应做供应的，制造做制造的，销售做销售的。过去我们认为这种分工是效率最高的，但是今天发现不是。今天是把大家完全整合在一起的时候，效率才会最高。这是一个非常大的改变，这种改变当中有哪些东西需要大家调整？

第一个组织价值重构：组织是一个整体

你必须把企业看成是一个整体，不要把它分成功能性模块。我过去6

年来做得最多的一件事情，就是帮助众多企业由功能分工转成整体。

原因在于，现在的企业是在无线链接之中，这个无线链接让很多东西完全变了，甚至有一个最大的变化，就是一个企业的绩效无法由自己决定，而是由整个生态环境决定。所以，如果你不能跟整体达成一致，就很难创造出良好的绩效。

根据我的研究，要提高整个组织效率，就要有一些改变。原来靠分工、分权、分利来获得效率，也就是"责权利对等"，但是在今天你会发现，更大的效率其实来源于组织内部的信息协同，来源于组织内部的共同工作的效率，来源于打掉组织内部的部门墙。如果没有内部的整体协同，就得不到最大的组织效率。

我们要改变这些东西，让它变成什么样子呢？要变成一个整体的样子。人力资源部要贡献出来的并不是一个普通员工，而是对每一个业务单元胜任的人，是具有创造力的人。

去海尔参观调研，有句话让我特别感慨。张瑞敏说："世界的人力资源就是我的人力资源。"海尔现在没有人力资源部了，它的人力资源部也是一个业务单元。

我就奇怪了："要是业务单元，怎么核算它是否盈利？"张瑞敏说很简单，如果他招了20个人去研发部门，在研发部门这20个人对整个研发有创新贡献，这个创新的贡献直接计算到当年对公司新增长业务的销售额里。如果这20人的创新贡献能够体现在公司新增长业务的销售额里，人力资源部门就有工资和奖金了。如果招了20个人，但公司新增长业务销售额中看不到这20人的贡献，那这个部门就没有奖金，也没有工资了。所以，它是个业务单元，这是一个很大的变化。

也就是说，传统意义上的职能部门，又称后台部门，未来可能会被拿掉。今天在组织管理当中讲得最多的概念是中台和前台。我们已经把职能后台这部分拿掉，让中台和前台完全融合，成为一体。

这个一体的概念要解决什么问题？我的结论是管理是一个整体，它需要有七个原理，这七个原理解决了怎么让组织变成整体之后效率达到最高的问题。如图4-1所示。

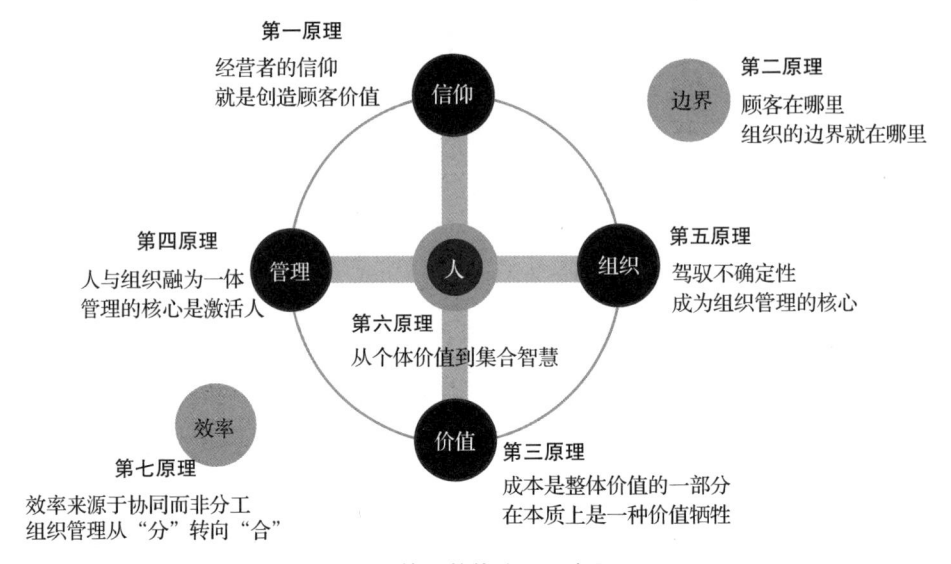

第一原理
经营者的信仰
就是创造顾客价值

第二原理
顾客在哪里
组织的边界就在哪里

第四原理
人与组织融为一体
管理的核心是激活人

第五原理
驾驭不确定性
成为组织管理的核心

第六原理
从个体价值到集合智慧

第七原理
效率来源于协同而非分工
组织管理从"分"转向"合"

第三原理
成本是整体价值的一部分
在本质上是一种价值牺牲

图 4-1　管理整体论及七个原理

从你怎么跟顾客在一起来看。

企业跟顾客之间是一个边界融合的部分。所以第一个原理和第二个原理都在讨论这个问题。所有的经营者一定要讨论顾客，同时必须让你的边界跟顾客在一起。当你的边界和顾客在一起时，你就跟顾客是一个整体。

第三个原理看你的成本。我一直想跟大家讨论成本的概念，很多人不明白成本其实是整体价值的一部分，本质上它是一种价值的牺牲。我的担心在于，你投入了很大的成本，但是在整体价值上没有贡献，那就是成本的牺牲。

我很喜欢举创业公司的例子。很多创业者刚成立一家公司，名片上就写 CEO。如果写了 CEO，你后面的人的"帽子"都得大，他们就要有助手，你的后台就得有结构。这一系列的结构对一个创业企业、对顾客都是一个成本的浪费。创业企业不需要 CEO，它需要一个首席顾客官。所以创业企业管理结构大是成本的牺牲。

但是当你的企业有几十亿元、上百亿元规模的时候，后台必须有一个结构，这个结构还要比较大，为什么？当你有几十亿元、上百亿元的时候，有两件事很重要，就是风险控制和布局未来。这两件事情跟当期都没有关系，但是这个钱必须花。这个钱就是整体价值的一部分，因为你要有风险控制和对未来的布局。

所以大家需要理解，成本并不是一个传统意义上的概念，它一定是价值的一部分。如果你不能从整体去看成本，那你的很多成本就是真的浪费。

第四、第五、第六个原理都是关于组织跟人的关系。如果我们不能在组织管理当中发挥每一个人的效能，让每个人的价值跟公司的价值合在一起，让每个员工具有创造力，以应对不确定性，那你和整个公司就不是整体了。

第七个原理解决了组织跟外部的关系，因为今天很多价值是由外部决定的。前文阿里巴巴的"双11"活动就是很好的例子。

第二个组织价值重构：激活人的价值

在组织管理当中，必须激活人的价值，这实际上是今天你更要关注的一个最重要话题。在激活人的价值时，很重要的两个变化，就是工作场景和人力资源的变化。

今天的人喜欢灵活的工作地点和工作时间。我跟很多传统老板讲过我对他们的一个担心：90后、95后在工作中最大的特征是什么？他们决定工作两年、休息三年，再去世界走三年，然后再回来工作。你说你要不要用他们？你要不用他们，年轻人不会跟你在一起，如果要用他们，你就得允许他们这么灵活。未来就会是这样。

当今的年轻人不太在意稳定，他们需要的其实是更高的价值创造和幸福感，所以要让他们觉得有意义，就得解决两件事情：一是要真的解决效率，效率一定要跟顾客联系在一起才有意义；二是一定要解决人浮于事、虚假繁忙的问题。

我觉得我们都太忙了，但是忙得没有什么意义就是虚假的。原因是什么？就是我们受信息干扰太大，被太多东西影响。其实你只要专注去做你的事情，你的价值一定可以体现出来。今天很重要的是，要去掉虚假繁忙，这样每个人才能真正创造价值。

管理上一个很大的调整就是要从"管控"到"赋能"，帮助大家成长。

有一个笑话我常常讲。我家里的年轻人都是90后，有一天，他们中的一位竟然很悲悯地看着我说："你们已经疯狂地老去了。"我想了一下，很认真地回答她:"我正在逆生长。"

我们为什么可以逆生长?很大的原因在于把碎片化和虚假繁忙拿掉,把责任跟权力、利益和价值组合起来,不要去做那些跟价值创造不相关的事情。

我常常会跟大家开这个玩笑:我有很多在线课程,于是就有人跑来跟我说:"老师,我太喜欢你了,我每天开车上班,在路上就听你的课。"结果我就跟他说:"你不能当我的学生。"他问我为什么?我说:"你开车你就认真开车,你听我的课,万一撞了别人怎么办?"

大家记住,虚假繁忙就是这样,价值不对,就是虚假。

你需要关注怎样去承担责任,怎样去分配利益、时间和权利,才能让你的整体价值最大,才能真正做好关键的部分。因此,我们在工作场景当中,尽可能不用命令和权力,尽可能设计一个成长的空间,让员工发挥他们的创意,更重要的是整体要与时代同步。否则,你就没有办法让你的员工真正成长起来。

更重要的是,你要有年轻的员工,没有年轻的员工就不会有未来。

有一件事对我启发很大:自从有正式组织这个概念以来,人类历史上存活的机构一共只有83个,其中75个是大学。很多人以为存活下来最多的是宗教组织,可是真实的数据是75所大学。为什么?就是因为大学就是年轻人进来,你老了它让你走。

你一定要珍惜,现在有很多学习的机会,就是让你重新年轻一次。一定要想办法回来学习,回来学习,你就再年轻一次。这就是与时代同步。

第三个组织价值重构:打造共生型组织

我为什么要讨论"共生型组织"这个概念?今天任何一个单独组织都不能创造价值,必须形成一个跨领域的高效运行的价值网,才能真正创新并为顾客创造价值。

打造共生型的组织需要四重境界。

第一重境界——共生信仰。你要对自己有约束,能够综合利他,更重要的是要致力于生长,不要致力于竞争。

第二重境界——顾客主义。今天所有东西都在变,只有顾客不变,我们必须回归顾客主义。但是有一点我要提醒大家，今天的顾客和以往的顾客不太一样，今天所有顾客都越来越年轻。东西要好，要漂亮，还要便宜、方便，这就是今天顾客想要的。没有年轻的顾客就没有未来。同时我们还要注意到顾客的极致体验。

最典型的就是小米。小米用 9 年的时间进入世界 500 强，创了一个奇迹。它其实就是符合了年轻化的趋势，产品确实好看、便宜，又方便购买，且质量不错。

第三重境界——技术穿透。技术在改变这个世界。我们要加深了解怎么让技术真正对组织结构、商业模式及市场机会进行重组。

第四重境界——"无我"领导。怎样能跟更多的人在一起？很重要的一点，就是"无我"。《道德经》讲的无为而治，其实不是不作为，而是说如果能让我跟与我相关的人都有所作为，而不只是我在做。这里讲究的是牵引陪伴、协同管理和协助赋能。

这是共生型组织需要具备的四重境界。

⊙ 面对未来，用"认知"替代"预测"

如果你告诉我未来一定会怎么样，我就告诉你它可能会调整。我认为 2019 年我们会有经营环境上的四个最大变化：一是多元和个性化；二是数据即洞察；三是冲刺式马拉松跑——跑过马拉松的人都知道那是长跑，但是每个阶段都得冲刺；四是产业价值，这是最关键的，它对传统产业来说是个机会。

所以，对于 2019 年，我给的关键词是"连接共生、长期主义、聚焦主业、知识赋能"。从整体上来讲，我们要做的就是：内求定力、外连共生。

因此，我给大家六点建议。

第一，建立长期主义的价值观。千万不要做短期行为，只有长期才能帮助你抵抗不确定性和抗周期性。

第二，从预测判断转向不断进化。一定要不断地进化自己，不要去预测，因为未来不可测，你只要不断迭代自己就好。

第三，致力于不可替代性。要在这个不确定的市场当中活下来，你需要不可替代性。我要提升自己的不可替代性，就要不断地研究、写作和讲学。当我不断地致力于做这些事情的时候，我才可能不被颠覆掉。

第四，从固守边界到向伙伴开放。你去跟更多人合作就可以了。平台化和云化的特征就是三个——开放、连接、协同。

第五，构建共生态。也就是让更多人因为你，或者你因为别人而让"我们"成长得更好。

第六，做好当下即是未来。其实这是一个关于南极的故事给我的震撼。

人类在一百多年前最想去的地方是南极点，这是探险家的梦想。有两个团队去了，一个是英国团队，一个是挪威团队。他们在某一年的同一个合适的时间出发。一个月后，挪威团队到达，插上国旗，很高兴地给女王写封信报喜，然后顺利地回去了。再过一个月英国团队到达，插国旗时才发现挪威人已经来过了，所以很沮丧，只好向国王说他们是第二个到达的。但这个故事悲惨的不在这里。而是因为他们晚到了一个月，往回走的时候天气骤变，全军覆没，无人生还。

后来有人研究，为什么一个团队顺利上去，完整回来，另一个团队却无人生还？结果发现一个原因：挪威团队不论天气好坏，每天走 30 公里；英国团队天气好的时候多走，天气不好的时候不走，区别只在这里。

我想告诉大家的是：在极限环境下，你做好每一天，就做好了一切。而在今天巨变的环境下，做好每一个当下，你就会有美好的未来。

（2019-08-05）

2020 年的经营关键词

导读：如何理解 2020 年全球环境的变局？如何理解数字化生存的底层逻辑？如何界定企业发展的责任？以何种认知迎接 2020 年？对于将要到来的 2020 年，我依然不是用预测，而是用认知的方式来谈谈自己的想法。

2019，我们已经开始习惯接受"不确定性"所带来的一切挑战，全球格局的动荡，数字技术嵌入给各个行业带来的波动，人工智能从想象到现实，中国驱动经济发展的新布局，以及中国企业上榜《财富》"世界 500 强"的数量首次超过美国上榜企业。而在同年，美国 181 位顶级 CEO 联合发布宣言，企业的目的不再是追求股东利益最大化，而是让社会变得更加美好。

这一切交织在一起，让我们既感受到更加复杂的全球格局、更加快速的技术变化，领导者担当着更大的社会责任；又感受到创新带来的无限可能性，以及中国企业发展的新机遇。

如何理解 2020 年全球环境的变局？如何理解数字化生存的底层逻辑？如何界定企业发展的责任？以何种认知迎接 2020 年？

数字化时代的到来，一方面将 IT 化、SaaS 化、移动化、智能化快速地融入行业，让一些行业实现了蛙跳式的发展；另一方面，随着数字技术渗透到人们的生活之中，社会化、互动化、透明化、娱乐化也迅猛地影响着每一个人，让人们愈发焦虑和不安。

我们感受到，今天的数字化变化在中国的加速度和影响可能比全球其他任何地区都快，因此，中国企业更需要去理解智能商业的意义与价值，而这也是 2020 年与以往不同之处。

对于今天的全球市场，人们用了"百年之未有的大变局"来形容，我想这既是一种巨大的挑战，也是一种巨大的机遇。这完全取决于我们以什么样的认知能力去驾驭。认知代表了一个人或者一个企业对外部环境、产业格局、市场与变化的思维框架。所以，我在2018年年末、2019年年初反复强调，数字化时代需要我们从改变认知开始，因为沿着旧地图，找不到新大陆。

所以，对于将要到来的2020年，我依然不是用预测，而是用认知的方式来谈谈自己的想法。

⊙ 理解2020年的经营环境

数字化从消费端走到产业端

随着数字技术基础设施的更加完善，无论是算力的提升、数据的积累，还是算法的突破，都沉淀到了一个相当深厚的程度，这一切使算力加快、算力成本降低，以至于今天云计算无处不在，数据分享成为可能。

数字技术基础设施的完善推动了产业互联网的蓬勃发展，持续、高效地推动数字技术与产业价值的快速融合，从消费到金融、出行、媒体、教育，再到医疗，一些行业改变的方向已经越来越清晰。

创造顾客价值是关键

德鲁克曾经给企业下了一个定义：企业是什么？企业就是创造顾客。到了数字化时代，数字技术率先改变了消费端的行为，也就意味着我们再强调顾客和市场细分概念已经没有那么重要了。

因为迭代与优化让一切发生着动态的调整，价值的创造和获取的过程都发生了根本性的变化，顾客也随之发生着动态的调整。对企业而言，真正的关键是价值创造。在我看来，数字化时代，企业就是创造顾客价值。

价值链变成价值网

我们在很长一段时间理解了单个企业需要在一条价值链中才能获得成长的机会，所以基于价值链的竞争模式成了企业战略选择的一个有效方式。但是，这也导致企业与企业之间的竞争转换为价值链与价值链的竞争，导致产业价值因不同价值链博弈而被侵蚀，使很多产业价值并未很好地得以释放。

数字技术提供了解决方案，把价值链变成了价值网，让企业成为价值网上的一个连接点，让数据协同，让原有价值链上的合作伙伴共生，更拓展了原价值链外的价值，而这些协同的价值远远超过了原价值链的内部价值。"双 11"之所以可以不断刷新纪录，正是所构建的价值网络不断延伸所致。

在商不可只言商

数字化与产业的结合，数字技术与人的组合，本质上是技术发展与社会进步的"边界"重塑。美国劳工部的研究指出，65% 的小学儿童将会在长大后从事现在完全不存在的工作岗位，而部署机器人的公司也会在未来创造更多新的工作条件，引导组织人才结构、技术水平、价值创造方式、工作环境等的变革。

AI 将会改变组织的工作方式，亦将改变社会关系本身。所以，我们已经不再处在一个"在商言商"的世界，真正的商业价值一定彰显了生活的意义、人的成长、社会的进步，企业既要实现商业价值，还要对环境、社区的安全与健康发展做出贡献。对于今天的环境而言，企业不能只讨论商业逻辑，而要正视企业与人类、社区、行业等各方面的影响与责任，只有回到这个逻辑，企业才能实现可持续发展，才能创造真正的价值。

上面这四点，就是我对 2020 年经营环境的认知。

⊙ 2020 年经营选择的关键词

借助于上面这些对经营环境的认知，2020 年，我们可以做出经营上的选择，来安排企业发展的策略。我们可以通过下列关键词来表达。

价值增长

驱动增长的引擎是为顾客创新价值。正如上面我对经营环境的认知那样，在数字化时代，企业真实的定义是创造顾客价值。所以，2020 年，我们首要的经营策略选择应该是为顾客创新价值以驱动增长。真正去理解顾客价值，借助于技术创新为顾客创造价值，是获得增长的根本来源。

例如，截至 2019 年 8 月，中国移动互联网用户人口和使用时长红利的天花板正在迫近。据 QuestMobile 数据显示，BAT（百度、阿里巴巴、腾讯）三家渗透率均超过了 80%，在移动流量红利基本消失的情况下，头条凭借短视频产品逆势突围，月活用户规模同比增长 18%。核心关键，不在于行业的红利期是否已消失，而在于如何去创造顾客价值，创新顾客价值。

协同共生

协同价值伙伴，共生共创成长。企业在一个"强链接"的环境里，价值网络起着关键作用，协同共生是 2020 年的一种生存方式。对于顾客而言，需要得到完整的价值闭环，因此导致企业需要协同价值伙伴，共生共创价值，才能够满足顾客的要求。

今天，很多人在讨论"端→网→云"的价值闭环，这意味着"产品＋数据＋内容＋服务"的整体价值创造，也意味着企业可以协同更多的价值伙伴，创造更多超越企业自身能力之外的价值，从而获得更大的生长空间。

存量与增量

激活存量，探索增量。面对数字化从消费端走到产业端的变化，企业需要平衡核心业务与新增业务之间的关系。

我在带领企业开展对互联网转型的实践和研究中理解到，企业需要一方面继续做透原有核心业务的价值，另一方面要超越原有核心业务，拓展新的业务空间，我称之为"存量激活，增量增长"。

企业在这样一个动态、迭代、变化的环境里，在活好与活久、非连续与可持续之间获得平衡是极为重要的，也是极具挑战的。这意味着，如何在原有核心业务上持续获得新发展的空间，如何在创新业务上具备投入能力，两者之间如何平衡，需要企业做出安排。当然，这同样意味着企业需要在组织变革中找到解决方案，需要有能力驾驭两个业务，不再依赖于原有的组织模式，而要创设新的组织模式。

互动信任

建立广泛的互动与信任。社交媒体深刻改变了人类社会的沟通方式，已经超越了普通的信息交流工具，更成为一个完整的"社会神经网络"，从而导致传播与信任亦将成为生产力要素。

在这个万物互联的时代，人类社会的方方面面都在高度地融合，无论是信息透明与信息对称，还是信息安全与信息可信任，都在深刻地影响着企业的商业价值和社会价值。

而基于数据的结构化、开放可用的程度，以及广覆盖度，都将挑战绝大部分企业。如果无法建立有效沟通、广泛信任，对企业而言有可能是致命的冲击。

而与此相对应的是，如果企业能够广泛建立互动、建立信任，也自然会获得更有价值的增长。

⊙ 结束语：四个并存

2020年，在致力于用长期主义引领企业发展的基础上，企业需要学会掌握四个并存。

第一个是挖掘确定性与探索可能性并存；

第二个是构建不可替代性与获得协同共生价值并存；

第三个是拓展原有核心业务增长与超越原有核心业务新价值增长并存；

第四个是创新顾客价值与承担社会责任并存。

2020年企业不仅要创造数字技术与商业的价值，更要清晰地承担企业与社会、企业与进步共生价值的责任。

（2019-12-16）

2020 涅槃时刻

导读：那些活在未来的人们，所能做的就是与现在的自己做斗争。

雪后的北京，天空通透，记忆中多年以来，在新年来临之际，城区罕见地下了两场雪，大家争相在朋友圈晒出美丽的雪景照，背后是对 2020 年的美好期待。

2019 年对于每个企业、每个人都是完全不同的新考验。增长方式的转变，经济发展的新挑战，大变局时代，各个领域迭代与创新，5G 技术加速，马云、柳传志退休了，AI 开始深入很多产业之中……深度互动与深度学习带来的冲击让人应接不暇，也让人焦虑惶恐。

这一切的巨大变动给人们带来的已经不只是挑战与困惑，还导致了对未来的无力感。有人说："这一切发生得太快了，我们甚至来不及去惊讶。"人们不断询问：如何努力才可以跟上时代、不被时代淘汰？

几周前，我曾应邀出具年度阅读书单，认真回顾上一年的阅读，选出 5 本精读书目，还加上了自己的 1 本新书。它们分别是萨提亚·纳德拉的《刷新》、理查德·德威特的《世界观》、劳伦·A·里韦拉的《出身：不平等的选拔与精英的自我复制》、丹纳的《艺术哲学》、雅斯贝斯的《历史的起源与目标》及我和朱丽的《协同：数字化时代组织效率的本质》。这 6 本书正是我为自己夯实与变化共处所做的认知准备。

在一个巨变的环境里，我们常常问：现在有什么不同？

数字技术的确在改变着生产力、生产关系，改变着全球经济增长的驱动要素，也改变着我们每一个人。

如何真正去"刷新"自己，获得全新"认知世界"的认知体系？"历史"来自何处？"历史"通向何方？如何与这个世界"协同"共处？大多数公司调整人们的职业、岗位，甚至汰换人员的速度会加快，"技能"和"出身"哪一个更重要？谁才会是真正的"精英"？

身处这个时代的你我，对这些问题都需要有明确的答案，而这一切归为一句话：需要彻底更新自我。

这意味着，你需要有意识地放弃熟悉的世界，有意识地进入陌生的世界；意味着你需要主动离开自己的舒服区，主动探索自己的未知区。

我们都知道，未来才是最重要的，也许是更有趣的，也许是更危险的；也正因为此，它也是最不可知的，而不可知本身成就了无限的可能。

所以，那些活在未来的人们，所能做的就是与现在的自己做斗争。只有这样，全新的可能性才会真正发生，而你也因此拥有了自己的未来。这样做，虽然可能会失败，但是如果不做改变，就会注定失败。正是我们的改变决定自己的未来，而不是其他。

改变自己，这是 2020 年你我需要做出的选择。

⊙ 挑战自己，方有未来

还记得 2012 年美的决定自我转型，"那个时候美的并没有问题（2011 年全年营收 931.08 亿元，净利 36.98 亿元），在国内是挺好的，我们进行转型和调整的时候，全行业就说机会来了，美的又在自我折腾。但是我们有时候讲，企业就是要折腾，社会的变化太大了。"美的集团董事长兼总裁方洪波相信企业的护城河需要靠风险积累，而应对风险就需要企业不断颠覆自我。"企业家的精神本质上就是敢于自我否定，敢于不断创新，去应对挑战。美的确实就是敢改，并且能够前瞻性地，在别人没有改的时候，我们去改。"

"向自己挑战"，这就是美的做的"正确的事"。2019 年上半年财报，美的集团实现营业收入 1537.70 亿元，同比增长 7.82%；归属于上市公司股东的净利润为 151.87 亿元，同比增长 17.39%。

"向自己挑战"会让自己很不舒服，需要丢掉过往的经验和优势，或重新变成一个小学生，需要接受不同的人、事，对自己提出不同于以往的要求。这需要我们真正做好准备，准备的基础就是我们内心有足够的愿望，并愿意做出彻底的改变。当你愿意主动向自己挑战时，决然前行的态度将突破一切障碍。

数字化时代的到来，一方面将IT化、SaaS化、移动化、智能化快速地融入行业，让一些行业实现了蛙跳式的发展；另一方面，社会化、互动化、透明化、娱乐化也迅猛地影响着每一个人，让人们愈发焦虑和不安。

所以，想要安处于当下，我们必须在认知能力上寻求突破。认知代表了一个人或者企业对外部环境、对市场、对发展的思维框架。这种框架会形成一个人的判断习惯，当外部环境发生变化的时候，认知框架会捕捉到相关信息并做出判断。

因此，我们需要正视自己认知的局限性，否则就会带来误判或者偏见。我们需要去理解新技术以及变化带来的新可能性；我们需要拓展自己与外界交互的能力，更重要的是，破除自己固有的思维习惯。

面对数字技术带来的变化，企业如果应对不当，结局可用一句流行的话来表述："战胜了对手，却输给了时代"。因为基于过去的认知，走不到未来。

⊙ 做好自己，方可共生

北京时间2019年10月12日下午，历史性的一刻诞生了，埃鲁德·基普乔格在奥地利首都维也纳的普拉特公园，以惊世骇俗的速度和耐力，耗时1小时59分40秒，跑完了42.195公里的全程马拉松。他成为地球上第一个全马跑进两小时的人，全世界都为之振奋、欢腾。

这是他个人的纪录，也是全人类的纪录。我更感兴趣的是，这样一个奇迹般的纪录，是基普乔格与他身旁的"破风"团队一起创造的，这个团队一共有41位陪跑员，都是马拉松世界冠军。他们分为6组，每次有5人在基普乔格身前组成V字形，另有2人在基普乔格身后的左右两边。按照实验室的测试，这是最佳防风阵型，配速员会形成一道挡风屏障，有利于挑战者创造好成绩。

我分享这个案例，是想表明这个人类极限的突破，是强个体与其他成员协同共生的结果，今天，没有谁可以独立创造价值。

数字化带来的价值网对原有的商业环境进行了升级和重构，封闭、孤立的企业管理模式开始无法适应环境。企业之间的竞争必须变为基于合作的竞争，甚至需要转变为基于合作、离开竞争的模式，合作的优势不仅在于融合合作系统中每个企业的竞争优势，而且在于优化企业之间的竞争关系，更好地激发每个企业的活力，最终表现为更好地满足消费者的需求。

在合作的要求下，相同领域甚至不同领域的企业不再是竞争对手，而转变为荣辱与共的命运共同体。打破极限纪录也好，创造企业新的价值关系也好，促进每个人的自我成长也好，共生协同成了一种生存方式。

⊙ 先有利他，方能利己

1953年海德格尔在《科学与沉思》中写道，科学已经发展出一种权力，并且正在把这种权力最终覆盖于整个地球上。今天技术所呈现出来的状态，似乎在验证着他的判断。

来到今天数字化的世界，海德格尔的反思更凸显出价值。他警告说，现代人"要"得太多，已经不会"不要"了——需要唤起一种"不要"的能力。

的确，今天的技术可以给予我们极大的帮助，让我们拥有前所未有的知识与能力，但是如果我们不懂得爱，不知道敬畏，技术所带来的一切并不会让世界变得更加美好。

正如一个医生，他可以通过学习医学知识与技术训练拥有高超的医术。但只有他真诚地与患者沟通，了解他们的情况，观察他们的境遇，并以对专业的敬畏、对生命的爱和善良陪伴患者，这样，他除了拥有医学知识，还拥有更丰富的内在知识，他才能成为一个更好的医生。

所以，最大的问题是，我们如何才能保全自己的人性——我们的人文精神？随着人工智能的崛起，更需要对人性的关注，关心他人，而非只是利己地生活。

正如柏拉图所言，在可知世界中最后看见的乃是善的理念，一旦我们看见了它，就可创造美好和正确的事物，就可让我们在私人生活和公共生活中的行动合乎理性。善的理念是可见世界的光源。

⊙ 这是结束，这是开始

在 2019 年新年献辞内容中，我最后的建议是"做好当下即是未来"；2020 年，我依然把此作为最后的建议。因为 2020 年，数字化更深入到产业与生活中，每个当下的意义更加凸显，做好每一个当下，就会实现新的结束，也会获得新的开始。

"这是结束，这是开始"（This is the end；this is the beginning）是著名评论家沃勒斯坦教授最后一篇评论，也是他带给我们最后的反思，我把这句话送给大家。

回想数字技术蓬勃发展的这几年，互联网上半场的改变非常令人兴奋与不安，但是这只是一个开始的结束，而不是一个结束的开始。这种改变放在大的历史来看，会变得非常深刻，意味深长。对于我们每一个人而言，也许我们如微软一样，错失了"移动时代"，也需要如微软一般开启"云时代"。

这让我联想到在《至暗时刻》中丘吉尔所说的那句名言："成功不是终点，失败也并非末日，最重要的是继续前进的勇气。"

2020，我们需要做的就是：涅槃重生。

（2019-12-31）

改变从每一个人开始[①]

导读：组织当中最关心就是个体行为，今天的"个体"真是不同了，我用一个词叫"强个体"。以前，离职员工跟组织不会再发生关系，但是现在不一样，因为数字技术，会发生永久关系，会带来毁灭性的影响，这就是"强个体"，这跟传统管理是完全不一样的。

我始终对自己有一个要求——要不断去理解企业在变化中产生的问题是什么。我想把这些新的研究成果与大家分享一下。今天想和大家讨论的是：在数字化背景下，组织效率的改变到底来源于什么？

企业创新的力度比我们想象的要大，在过去短短十年，企业价值的变化非常明显。

比较一下 2010 年和 2019 年全球市值最大的公司，就会发现有一个根本性的变化：以前，技术是其中最重要的一个驱动因素，但是在今天更大的价值来源于企业价值网络的构建。我们很熟悉的阿里巴巴和腾讯的共同特征也体现在这一点上。在这个变化中，中国终于有企业进入了全球市值前十名。

沿着这个思路来看，我们发现基于价值网络驱动的公司的价值更大。通过不断研究，我发现背后的根本原因是数字化带来的一个切实改变。

数字化到底带来了什么样的改变？为什么今天企业价值有如此大的调整？这是 2020 年要讨论的根本性话题。

我在研究当中发现，数字化带来了一个明显改变：以前我们讨论企业发展时，比较关注企业在其领域所拥有的核心能力；数字化之后，我们对此就不太关注了。

[①] 本文为作者 2019 年 12 月 19 日在《清华管理评论》杂志主办的"第三届管理创新高峰论坛"上的演讲内容。

⊙ 数字化时代应关注的重点

数字化时代最应关注的重点是什么？是企业变化速度。

20年前，我在南京大学教书时，一个学生跑来告诉我："老师，我想请您做顾问。"我问企业多大，他说有2亿元规模。我说，不要请我，因为太小。

他说："您只做大企业的顾问吗？"我回答："不是的。"并跟他解释，对于一个2亿元规模的企业而言，请管理教授是浪费成本。2亿元这样规模的企业应该安下心来，把所有资源、精力投向顾客、投向产品，不需要在管理上花太多功夫，等规模大一点再说。他问企业大概多大才能找我，我说到20亿元再说吧。

十几年过去了，那位企业家真的跑来了，他专程从南京飞到北京。他说："我的企业做到20亿元的规模了，我记得您的话，安静地做到20亿元。"我说："还是不行，因为今天规模不重要了。"我们交流了很长时间，他觉得收获很大，就回去了。

提到这件事，我想说的是，以前规模的确很重要，但是今天可能更重要的不是规模，而是变化的速度。我们看到，哪怕是很小的企业也会呈几何倍数增长，哪怕很大的企业也会断崖式下跌，这就是数字化带来的跟以往不太一样的地方。

所以，对于数字化，最重要的是一定要理解时间轴。过去对时间的认识是一维的，就是从过去到现在，再到未来。今天，时间跟过去没有关系，只要我们愿意在今天、从现在开始以加速度改变、拥抱全新的东西。

⊙ 数字化带来第四次工业革命

数字化带来的第四次工业革命跟前三次是不一样的。前三次工业革命是在机器上进行的，就是改变工具会帮我们跑得更快一点，手更长一点，但并不挑战人。所以，我认为，在前三次工业革命中人、机之间是很和谐的，机器是用来帮人的。

数字化带来的第四次革命，机器不是来帮你，而是淘汰你，所有程序可量化、可标准化，机器决定怎样去做并自动执行，不要你做，这就是人工智能。

人、机之间有非常大的变化，在组织层面的挑战中，人、机之间有四种模式，其中一种是互利共生，就是说人、机之间是友好的，像之前三次工业革命一样，但是也有偏害共生、偏利共生。还有一种情况叫吞噬替代——不用你了，如无人驾驶。所以，如果还没学会开车，那么赶紧学、赶紧开，可能有一天就不让你开了，全部是无人驾驶了，因为无人驾驶更可靠、更安全，如果是人自己驾驶，可能会困，会接听电话，会情绪不佳而出现交通事故，伤害到他人。

⦿ 数字化对产业价值的意义

数字革命跟以往不太一样，其中变化的根本性意义在哪里？为什么这么多人谈产业互联网？为什么今天所有线上企业要跟线下企业融合？是因为数字化的根本价值在这里。

我比较喜欢熊彼特对创新的定义。他说，创新其实可以简单地定义为一种新的生产函数。企业家则是能够把各种要素组合起来形成一种新组合的人，这是企业家跟别人不一样的地方。

学者当不了企业家，很大的原因是不愿意进行要素组合，更愿意按照自己的逻辑把事情说清楚，认为这样完成任务了。事实上，多做要素组合，才有更多机会创新。

数字化带来的另一变化，就是数字技术通过各种形式进入产业链的各个环节，形成新产业组合。比如数字技术跟教育组合，就有了一个之前没有的行业——知识付费；数字技术跟出租车组合，就有了滴滴出行；数字技术跟金融组合，就有了以前没有的电子支付。我们可以放开去想，数字技术渗透到产业任何环节，其新组合都可能超乎我们的想象。

从某种意义上说，数字技术带来的第四次工业革命使得几乎所有产业都可以更新一遍。一定要理解，我们今天所说的"重新定义"，就是所有行业都可以更新一遍。

⊙ 数字化时代的组织管理有什么不同

看到了这些变化，因为我是研究组织管理的，就想从组织管理的维度讨论：在数字化时代，组织管理跟工业时代到底有什么不同？

坦白讲，所有组织管理理论，从泰勒开始至今，都是立足于工业时代的。根据我的研究，数字化时代组织管理理论至少有五点跟以前不同。

第一，强个体

组织当中最关心就是个体行为，今天的"个体"真是不同了，我用一个词叫"强个体"。2015年我写了一本书，叫《激活个体》。为什么觉得"个体"不一样了？以前，离职员工跟组织不会再发生关系，但是现在不一样，因为数字技术，会发生永久关系，会带来毁灭性的影响，这就是"强个体"，这跟传统管理是完全不一样的。

第二，强链接

单体、单组织个体很难生存，任何组织都可能对你产生影响，这是我们一定要关注的一个非常大的变化，我称之为"强链接"。很多组织今天能够做得好，原因就是强链接做得好，做得不好的原因就是自己不肯去做链接。

第三，不确定性

这确实是一个基本环境特征，这种不确定性所带来的是机会还是挑战，完全取决于你怎么把握和理解它。

第四，"似水一样"

组织要求具有非常高的柔性，我以前用"似水一样"来描述，但是最后发现可能还不够，还要继续讨论。

第五，共生态

组织一定要有能力在一个共生态当中产生新的价值，至少要跟数字技术共生，我们常常称之为"数字孪生"。

在数字化时代，组织管理与以往有什么不同？我有两个结论。

一个结论是共生。

组织不断进化。朝什么方向进化？朝共生进化。过去有些企业为什么发展得很糟糕？原因在于习惯性地让自己活，让别人死，习惯性地在产业当中、价值链当中想办法挤榨别人，让自己活下来。这就会出问题。

例如波音，当它与最大的另一家公司合并，变成美国独一一家公司时，我认为迟早会出事。为什么？因为没有进化的可能了。今天我们看到这家公司的问题陆续出来了，甚至最重要的机型不可能生产，因为没有安全承诺。

这意味着什么？不是技术不行，是组织本身的问题。如果没能力共生进化，就会被淘汰，不管今天你的企业规模有多大。

另外一个结论是协同。

效率不仅来源于组织自己的效率，更来源于组织内外的协同效率。这是今天数字化时代组织系统效率的本质，不再以分工为主，而是以协同为主。这就是我的结论，已经通过两本书进行阐述：一本是《共生》，另一本是《协同》。

所以，在《共生》一书中，我告诉大家，今天对于组织最重要的就是能不能真正创造顾客价值，并形成跨领域价值网。就像《清华管理评论》，如果要给更多企业家和学者创造价值，就需要协同两边，既有学者参与，也要有企业家参与，才有可能形成为顾客创造价值的跨领域价值网。如果仅仅在学者间讨论，企业家从来不听，那么管理价值不可能得到挖掘；如果只是在企业家间讨论，学界也不参与，很难总结出规律。

共生型组织有四个特征，就是互为主体性、整体多利性、效率协同性和柔韧灵活性。要能让大家真正感受到我们是互为主体，而不是谁从属于谁；让很多利益空间变得更大，这叫整体多利性，然后在灵活性和效率性上进行提高。

这种共生型组织对于企业管理者来讲有四重境界，就是共生信仰、顾客主义、技术穿透和"无我"领导。你要超越自己，境界当中就包括形成共生信仰，回到顾客一端，为顾客创造价值。要真正做到这一点，技术很重要。再一个是"无我"领导，也就是你要帮助别人成功。

⊙ 如何获得组织内外的系统整体效率

要获取更大的系统效率，就需要协同，我们需要做好六件事情。

一是重构企业边界。你要重新构建企业边界，这种边界不能按照原来的逻辑做，要考虑能不能不断打开它。企业的各种生产要素能够组合得成本最低、效率最高。换个角度说，企业能不能活下来，只需要看一件事情，就是所拥有的所有要素的组合是不是效率最高、成本最低。如果是，就可以活下来；如果不是，就会被淘汰，跟规模大小没有关系。而数字化恰恰能够帮助我们组合外部要素，成本和效率都在重构中得到改变。

二是基于契约的信任。如果不能建立真正的契约信任，别人是不会愿意跟你合作的。有人问我："怎么发现人和人之间很难合作？"我问他："你守信用吗？"如果你愿意守信用，我相信合作会更加广泛。

三是组织内的协同。组织内部要先协同起来。很多时候我们会发现，企业遇到一个很大的难题，就是内部合作不了，跟外部合作反而还容易一点。当内部不能协同的时候，其实很难跟外部彻底协同，很多问题都源于在内部做不到协同。

我在企业当董事长兼 CEO 的时候，要做企业的整体转型。我们有 8 万人，590 多个分子公司，分布在 20 个国家。他们跟我说，我们内部损耗非常大，必须内部协同起来，怎样才能做得到内部协同？要解决这四个问题：组织结构的重构、责任与角色认知、个体适应性行为、新价值体系。

举其中一个例子，关于责任和角色认知。组织管理当中关注责任和角色，你任命我做什么？我分工管什么？责任是什么？权利是什么？这方面大家说得最多，但今天不能用这个逻辑了，因为通过这个逻辑很难实现协同，不协同的真正原因就是"屁股指挥脑袋"，责权利、分工边界太清楚了。当时我提出一个观点，我说："有人负责你就去配合，没人负责你就去负责。"结果，这家体量比较大的公司在三年内就实现了组织协同。

四是组织的外部协同。在外部协同上，最重要的是什么？就是价值扩展、互为主体的共生模式、组织集群与强链接。别人为什么愿意跟你协同？很重要的一点是实现价值拓展。换个角度来说，他没跟你协同时价值只有 1，跟你协同之后价值变成 3，这样协同就会发生。如果不能做到价值拓展，外部协同就不成立。

有一次跟企业家们聊天，有位企业家站起来问我："老师，如果我与别人共生协同，能从中得到什么收益？"我说："你别做了，如果只有你自己得到收益，不可能出现共生协同，共生协同一定是价值拓展互为主体，一定是集群而且是强链接才可以实现的。"怎么实现呢？有两个最重要的底层支撑：一个是协同价值取向，一个是有效的协同管理行为。

五是协同价值取向。

实现协同就要具备协同价值取向。在协同价值取向中重要的是什么？在你的价值观中，从价值预期开始，到价值创造、价值评估，最后到价值分配，都应该真正做到中国传统的诚、利、信与不争。

六是有效的协同管理行为。

怎么做到诚、利、信与不争呢？必须用一种有效的协同行为去呈现，在管理层要有有关协同的基本假设。

华为特别令人佩服，CEO可以轮值，18万人像一个人。华为为什么能做到这一点，可以看其管理层的基本假设。

华为在管理层的基本假设中，对人有两个最重要的底层假设：第一个是人力资本大过财务资本，对人的价值创造是高过财务价值创造的；第二个是绝不让"雷锋"吃亏，不用道德评价，而是用制度培养。"雷锋"代表什么？大家很清楚，就是协同、奉献、合作。所以，当管理层的底层假设非常明确时，经过有效激励和合理的沟通，协同慢慢固化成每一个人的行为。

对于管理者来讲，也要具备协同管理者的特征。真正的协同管理者不注重谁说了算，不注重谁的权力大，而是注重行动，注重结果，他们愿意聆听、懂得欣赏、致力于增长。可以对照一下，你自己算不算是协同管理者，如果不是，就要培养协同管理行为。

最后，我想对大家说："改变从每一个人开始。"

一旦我们带着对历史的敬畏，将协同融入每一个当下的行动，相信协同已然点亮未来……

（2019-12-30）

疫情对经济的影响和企业对策建议

导读：新冠肺炎疫情给中国经济的运行带来了巨大的影响，企业该如何面对经济下行的压力？

2020年春节期间，新冠肺炎疫情迅速向全国蔓延，当地时间1月30日WHO（世界卫生组织）宣布其为"PHEIC（突发卫生公共事件）"。全国上下共同抗击疫情，为此采取了多项防控措施。疫情打乱了中国人的春节假期，也给中国经济的运行带来了巨大的影响。

对于疫情对经济的影响，很多专家都给出了预判。恒大研究院报告认为，从宏观的视角，需求和生产骤降，对投资、消费、出口都会带来明显的冲击，短期内会带来失业上升和物价上涨。对于中观行业而言，餐饮、旅游、电影、交通运输、教育培训等受到的冲击最大，医药医疗、在线游戏等行业受益。对于微观个体的影响，民企、小微企业、农民工等受损程度更大。

一方面，我们要承认疫情对中国经济产生了巨大影响，我们都要去承受经济下行的压力；另一方面，我们也要清醒地认识到，中国经济还是会保持增长。这是我们对疫情下经济的基本判断，在这样的背景之下，企业该如何面对？

身处不同的行业，企业所要面对的情况会有所不同，我想从共性的部分提出一些想法，供大家参考。

⊙ 学会与疫情下的不确定性共处

虽然疫情已经发生了一段时间，但是从各种传播的信息来看，我们应该做好与疫情带来的不确定性共处的准备。人们总是期待着有一个明确的专业判断，有一个时间节点，有一个明确的解决方案。但事实上，疫情持续的时间和政策的对冲力度都将带来不确定性。2020年1月30日之前，我们还仅仅认为这是中国自己的事情,而在这一天之后,这是全球的公共事件,由此究竟会带来什么样的影响,在更大范围上具有不确定性。

疫情下的不确定性会持续发生,所以我们所需要的不仅是直面它的勇气,更需要有认识它及与它共处的能力。如何做到这一点?核心是改变自己。即我们需要把疫情下的不确定性变为经营背景,我们已经不是在一个原有的熟悉的经营环境下展开经营活动,要用新的方式和认知去理解当下的情况。

我非常推崇马克思的一句名言:"哲学家们只是用不同的方式解释世界,而问题在于改变世界。"也许深受其影响,在危机来临的时候,我开始强调人的作用,重视人的主观努力,强调企业自身的能力,而非环境的约束。只有这样,才可以真正与不确定性相处,与动荡的世界相处。

⊙ 坚定自我发展的信心

疫情带来的影响的确让人焦虑,但我们不能灰心。我知道经营企业很苦,但是如果环境成为一种经营条件,我们需要面对的不仅是环境,还有企业自身的调整。

坚信企业发展才是最重要的,企业的自我成长要不受环境的影响。在2008年全球金融危机来临的时候,我写过一本书,叫作《冬天的作为》。在开篇中我写道:增长是一种理念,并以这样的理念来指导企业自己的行动。

我自己是做领先企业研究的,在对有着超过100年历史的公司的研究中,发现这些企业的领导者及其领导的公司可能处在良性的环境中,也可能处在充满危机的环境中;可能处在一个高增长的领域,也可能处在增长已经陷入停滞的行业。但是,这些领导者及其领导的公司经过自身的艰苦努力,取得了同行无法比拟的增长,年复一年,不管经济是处在繁荣阶段,还是处在衰退时期,保持增长都是他们坚定不移的信念。

⊙ 积极应对而非预测判断

有一段时间,不断有企业界的朋友通过微信问我,如何看待疫情对经济的影响？如何判断和理解专家对疫情发展的判断？每每被问到这一类问题的时候，我也反问自己，我们力求可以得到答案，期待在明确的判断下做出选择，但是我知道，每个人的答案是不同的，也无法给出明确的答案，因为给不出明确的答案，才是答案本身。

在一个持续变化的环境里，没有人能够预测并藉由预测做出判断和选择。在这种情况下，正确的做法就是朝着特定的方向，做好一次又一次调整自己的准备，并努力在前进过程中不断验证和改变，以适应不断变化的现实。在不确定性极高的市场中，持续而灵活的适应性是你必须要掌握的能力。

卡尔·冯·克劳塞维茨（Carl Von Clausewitz）在其名著《战争论》中写道："战争中充满不确定性，战争中四分之三的行动都或多或少处在不确定的迷雾当中。"在他看来，审慎的战争策略就是要针对敌军状况，相应筹建一支军队，朝着一个特定的方向，不断因应变化而做出调整，从而提升成功的概率。

春节假期延长，复工后如何应对疫情，都需要企业积极去应对，很多企业已经采取灵活、有效的工作方式，一些企业开启在线工作模式，一些企业让员工在虚拟小组中学习。我想，这些企业如果充分利用好这段特殊的工作时间，也许会获得不一样的能力。

⊙ 挑战极限式地降低成本

在已经过去的 2019 年，很多企业已经进行自我发展模式的调整、业务转型及增长方式转变的努力，但是，今天在疫情之下，我们还需要有更强的危机意识，更坚定地开展自我救赎之旅，缩减费用、剥离不良业务、杜绝亏损及没有质量的增长，确保现金流，同时要确保竞争力。而做到这一点的关键是，一定要挑战极限式地降低成本。

如何让企业具有真正的成本能力？如何使成本成为一种对顾客价值的投入，而不是价值牺牲？我在过去的课程和研究中已经反复强调过，但是这一次，我更强调挑战极限式地降低成本，尤其是对中小企业而言，其根本目的只有一个，就是期待中小企业保住现金流。

而对于具有良好现金流的企业，我也依然建议它们重构自己的成本能力，因为应对不确定性是一种常态能力。但是与此同时，我也希望有能力的企业在疫情背景下，在关注如何做"减法"的同时，关注"加法"，也就是如何去关注真正的顾客价值，并创造顾客价值。

当然，在危机中依然需要非常清晰的方向判断、足够强的勇气和抵抗风险的能力，以及理性的决策。我们需要承认的是，如果能在危机中找到一个明确的方向并增加投入，之后所获得的增长将是无法估量的。在危机的时候，对业务结构做加减法，从而使公司具有应对不确定性的能力，一旦机会来临，这种更加合理的业务结构便能让企业有机会与其他企业拉开距离。

⦿ 不确定的是环境，确定的是自己

在我写这篇文章的时候，疫情还在变化中，人们已经感到一季度的压力，也开始准备应对疫情对第二季度的冲击和影响。人们开始关注春节复工带来的压力，也在准备复工之后如何恢复正常的工作运行。人们既坚持底线思维，积极参与防控，也开始启动恢复日常生活的准备。人们在理性面对疫情，做好自己的同时，也在期待政府拿出有效的政策，帮助武汉、群众和企业渡过难关。

疫情带来的这一切的确是太突然，冲击太大了，这一切的确让我们觉得困顿和不安，我们在不断面对这一切的同时，也要清醒地告诉自己，不确定的是环境，确定的是自己。

其实，人生际遇并不是由环境决定。所以，确定与不确定，在我看来是一个有机的组合，确定在我们自己的手上，不确定在环境上，如果我们把确定与不确定两者组合起来，我相信，这个不确定会是你的机遇，是你真正成长的来源。

⦿ 结束语

我想用中国工程院院士闻玉梅寄语武汉的六个字作为结束语：科学、参与、信任。她说，科学需要冷静、研究。参与就是大家参与、群众参与，参与就是首先做好自己。信任就是信任自己，信任医务人员，信任国家。

（2020-02-01）

疫情下如何启动"新开工模式"

导读：在组织管理中，最怕的情形之一就是"组织懈怠"。在 2020 年这个特殊的春节假期中，如何帮助员工收心，如何帮助员工安定自我，恢复正常的生活和工作状态，是组织管理者需要面对的问题。

2020 年 2 月，在疫情防控的背景下，企业也开始了春节后的复工准备。虽然突发的疫情使我们不能按时上班，但是为了满足顾客需求，为了让员工能够尽快恢复工作状态，也为了更好地在合适的时间进入市场，为恢复经济与生活贡献价值，很多企业开启了"新开工模式"。

我先向大家介绍一个企业的案例——青岛特锐德电气股份有限公司（以下简称特锐德）。特锐德是一家主要从事电力装备制造、汽车充电生态网、新能源微网三大业务的公司。在这个较长的春节假期里，公司发文给每一位员工，明确通知"举国经受考验的关键时刻，也恰逢特锐德集团二次创业的重要时期，新的一年将赋予我们更大的使命与责任为之奋斗与付出，在这一特殊时期面向公司全体员工发出动员令，倡议大家居家坚决做好疫情防控，同时全员进入'战备'状态，正式开启'在线工作'模式"。

在征得特锐德于德翔董事长的同意后，我在这里把特锐德居家在线的"新开工模式"的主要内容介绍如下。

1. 三在

在家上班、在群上岗、在线培训。

2. 三补

补齐 2019 年未完善的总结分析；

补充和完善 2020 年战略落地工作的思考；

补足平时没时间做的反思。

3. 一研究

提前研究2020年战略落地工作，部署上半年的工作方案。

4. 一提升

提升个人能力，研习专业课程。

在"一研究"中，我们要坚持如下原则。

第一，以问题为导向，灵活运用"336工作法"，找出难点问题、关键问题、最需提升的问题，有针对性地制订可执行、可量化的目标和闭环落地措施；

第二，以客户和目标为导向，优化和梳理流程，确保高效实现目标。

在"一提升"中，我们要通过以下方式进行。

第一，在研发的项目和工艺改进上，成立虚拟研发小组，在线上充分讨论，并形成结论和执行文件，为"开弓"（工）就"放箭"做好准备。

第二，提升管理层和员工个人能力：从2020年1月31日起，各业务中心对子公司员工开展各项培训学习，按课程计划每天打卡，用教学和考试的方式，给"战友们"充电；针对管理层，提前进行"特锐德大学"培训。

于德翔董事长还发来了公司"在线动员，工作部署"的文件，内容包括从2020年1月31日到2月9日每一天、每一个时间段所安排的各项工作计划、所要达成的目标和项目负责人。我仔细阅读他发来的资料，感受最大的是，这些在线安排与员工平时的工作习惯一致，按照这个详尽的在线工作计划安排，我相信特锐德公司的员工会以最快的速度恢复到正常的工作状态，甚至会如公司所要求的那样，进入"战备"状态。

在组织管理中，最怕的情形之一就是"组织懈怠"。在这个特殊的春节假中，延长的假期有可能就会带来"组织懈怠"，而且因为疫情的缘故，人们在心理上也会有很多不同的变化。如何帮助员工收心，如何帮助员工安定自我，恢复正常的生活和工作状态，也是组织管理者需要面对的问题。特锐德的实践可以给我们以启示。

每个企业所处的行业不同，所具有的基础条件和业务特征不同，员工所承担的任务也不同。但是积极寻求适合自己的"新开工模式"是一个摆在眼前的工作任务，需要管理者找到自己的解决方案。

让我们用一种新的开工模式，让人们先在心理上摆脱疫情的影响，再从行动上启动自我，为打赢这场疫情防控战做力所能及的事情。

（2020-02-03）

企业必须做出五个变革

导读：新冠肺炎疫情给每个企业带来了巨大的危机，只有那些正确认知危机并做出彻底改变的企业，才能转危为机，成为真正的强者。要把疫情危机变成企业自我变革和升级的契机，需要企业做出五个方面的变革。

对于任何人来说，环境都是双刃剑，很多人认为不好的因素，可能在另外一些人看来却是好的因素。

从客观的角度来说，此次疫情的确是巨大的危机。但是，也可以看到这样一种情况——危机使市场格局重新被界定。对于可以利用这种格局的企业而言，危机也是一种新的契机。如果企业的管理者真正理解危机带来的冲击，理解如何去认知危机并做出彻底的改变，危机可能对改变的企业来说并不都是坏事。

这次疫情对每个人、每个企业、整个国家都是一次考验，不仅是考验响应速度，还要考验整体协作能力、内在免疫力，以及在摆脱危机的同时能否平衡发展的能力。而此疫情危机也一定是一个让企业加速淘汰和升级的过程，那些能升级自己、提升免疫力的企业将会化危为机，成为强者。

如何把疫情危机变成企业自我变革和升级的契机？企业需要在以下五个方面做出变革。

⊙ 数字化变革：拥有数字化能力

这次疫情让很多人真切感受到在线模式的价值。在一个延长的春节假期中，人们在大部分的情况下，需要在线获得信息、交流、解决生活问题，甚至调整自己的情绪。

而在整个疫情防控中，大数据与人工智能发挥着巨大的作用。

在疫情防控中腾讯联合微医、好大夫在线、企鹅杏仁、医联、丁香医生五大互联网医疗服务平台，立即上线"疑似症状在线问诊"小程序，引导公众如果出现轻微的疑似症状，可先行线上咨询医生，免排队，直接和医生对话，快速、简单地判断病情，减少线下接触，避免交叉感染，提升医疗资源利用效率。

AI算法使对新冠病毒RNA的分析时间从55分钟缩短到27秒，百度智能外呼平台用语音机器人代替人工，帮助政府、基层社区快速完成对居民的排查。

疫情会导致很多行业遭遇冲击，但同时也给一些行业带来全新的机遇，企业微信、钉钉等在线开放工作平台让千千万万的企业能够开展工作。当武汉封城，全国各地都在建议自我隔离，取消线下各种活动，反而是拥有线上平台的企业大展手脚的时候，一些不具备线上平台，但具有数字化能力的企业，也快速和平台对接，找到自己的机会。但是没有数字化能力的企业在这段时间里完全束手无措。

如果在疫情前，面向数字化转型对很多企业来说还只是一个口号，我希望经过此次疫情，企业真正动起来，让自己成为一家拥有数字化技术的公司，无论商业模式，还是组织运行模式，都变成数字化模式。

⊙ 发展模式变革：共生价值成长

虽然互联网技术的普及让大部分的中国企业都已经意识到企业的发展模式改变了，但是大部分的企业依然习惯于原有的发展模式，并未做彻底的变革。

企业固有的发展模式是在线性、可连续的条件下展开的，所以大部分企业习惯按照行业经验、环境预测及自有的核心优势规划企业的发展，由此而形成的发展习惯是，在意规模增长，在意扩张，在意竞争，也习惯地认为，扩大投资才能获得规模。

但是，事实上，今天企业发展的环境变了，我们所处的环境不再是线性的、可连续的，而是非线性的、非连续性的，会出现断点、不确定性、不可预测、复杂性才是基本特征。在这样的环境下，发展模式不再是规模扩张，也不再是行业成员之间的竞争，你甚至不知道对手是谁，加大投资也不再能够直接扩大规模。

我在持续的研究中一直强调，在今天的技术环境下，企业的发展模式要从竞争模式转向共生模式，要从规模增长转为价值增长，用创新驱动增长而不是用投资驱动。在一个不确定的环境下，企业需要用双业务模式来与不确定共处。对于今天的企业而言，核心是如何面对不确定性，如何创新价值空间，协同行业内外的合作伙伴，为顾客创造新的价值。

在疫情中，盒马鲜生招收其他餐饮企业歇业的员工做临时工，这是一个令人感动的举措，更是一个共生价值的举措。相信盒马鲜生在这个特殊时期能够获得完全不同的发展。

疫情用一种特殊的方式让我们理解了不确定性、非连续性及不可预测性。以往的春节是中国人消费的高峰期，但是这个春节，围绕节庆的相关线下消费几乎完全停滞。如果企业还是按照过往的经验来安排这个春节假的业务模式，所遭遇的困境就可想而知。

⊙ 组织管理模式变革：领导优于管理

从疫情防控至今，因为涉及每一个人，又在一个春节假期间，所以复杂性、不确定性极高，而时间又不等人，其难度及挑战都无法估量，每一个决策、每一个选择都极其困难。这样的危机是一次对组织管理能力的巨大考验。我们从中既看到了混乱，也看到了有序。究其背后的原因，卓越的领导力带来了有序与高效，而一味在意管控与权限，则带来的是混乱并贻误时机。

管理是让繁复的层级得以维持运营的主要方法，但在一个复杂、多变、灵捷的网络中，管理可能会成为阻碍力量，特别是如果只关注流程和权限，而不是面对变化去管理，所带来的负面影响是非常明显的。当很多管理者成为解决危机的障碍的时候，我们需要借助领导来获得组织的效能。领导是在一定条件下指引和影响个人或组织，实现某种目标的行动过程。

在研究组织管理的过程中，管理与领导的差异一直是我所关注的话题。

关注管理的人，更多的是关注预算与计划、职责划分与权力界限，他们往往更关注指令和流程，关注控制与问题。而关注领导的人，更多的是关注方向与目标，如何联合组织成员，如何激励和鼓舞人们去实现目标。

经过这次疫情，我们需要反思在组织管理上的缺陷，需要反思为什么如此缺少具有领导力的管理者，更需要反思为什么这么多管理者只在意管理，在意流程和管控，在意自己的权力，而这些恰恰是无法应对危机的内在原因。

新技术带来的变化使不确定性、复杂性和不可预测性成为今后环境的基本形态，我们需要汲取这次疫情危机中组织管理的教训，改变传统的层级组织模式及封闭、僵化的组织状态，改变管理者画地为牢、管控为主的管理习惯，训练管理者具有领导力，真正发挥领导职能，让组织能够应对变化，让组织管理者能够引领和激励组织成员，一起面对不确定性，克服障碍。只有真正改变传统的组织管理模式，组织才具有面对不确定性的能力。

⊙ 工作方式变革：智能协同

我在前面的文章中推荐了"新开工模式"，表面上看，这是为了应对疫情防控春节假延长、延迟复工而做的选择，但事实上，这也是我建议的新工作模式。

这次疫情以一种极为特殊的方式改变了人们的出行、沟通及工作习惯，人们从开始的不适应到想办法适应，到现在已经适应在线、独立、协同工作的模式。这是从个体而言。

而从组织而言，我们在疫情防控中看到，具有协同工作的平台、价值网络与价值伙伴成员的企业，比如腾讯、美的、阿里巴巴等企业能够在此次疫情中快速反应、高效行动，不仅在疫情防控战中发挥着巨大作用，同时也在调整企业自身的应对措施中占有先机。

智能协同是企业在今天需要拥有的工作方式，因为这种新的工作方式可以让组织成员更加具有创造力，并可以发挥作用；可以让企业能够动态地应对变化；可以让企业在价值网络中，与价值成员更高效地创造价值。

智能协同的核心之一是每个个体更加独立，同时协同的关系更加便捷和高效，更多的人是在一个网络结构之中、在一个群组之中。每一个工作单元成员可以灵活、便捷地组合，组织成员也可以同时在各种不同的组合之中要求信息更加透明、对称，而成员之间是围绕任务展开工作，而不是围绕权力或者流程展开工作，这就要求企业对传统的办公模式进行彻底的变革。

智能协同的核心之二是精简组织结构，让组织成员可以更贴近顾客和价值伙伴成员，让企业与价值伙伴、顾客之间相互融合，而由此带来的是企业与价值伙伴成员更高效的协同合作，改变和重构价值链或者价值网的价值。这就要求企业对传统的、内化的组织结构进行彻底的变革。

⦿ 公众沟通模式变革：私域流量的影响

这次疫情也许让大家体会到了传播的力量，尤其是"私域流量"的影响力。公域流量和私域流量的大概意思就是，信息流、微博热门等平台赋予你的流量曝光就是公域，而微信公众号、朋友圈这种你可以基本完全把控的流量就是私域。

我们需要真正地认识到"私域流量"的影响力，增强企业与公众、顾客、社群沟通的能力。企业要真正转换传播沟通的方式，升级自己的认知及对新的媒介技术、传播技术的理解，确保自己跟上消费者及技术变化的步伐。

⦿ 真正的强者都是在危机中崛起的

事实上，在每一个危机时代，都会涌现出一批成功的企业。

1936年美国经济大萧条的时候，IBM成功地渡过了这场危机，就是因为美国市场停滞，它为了让员工有工作，不得不彻底改变自己，转战海外市场，并因此成为一家全球性公司。

1997年亚洲金融风暴，三星成功获得重生，一跃成为世界电子品牌，就是因为三星对自己做出彻底的变革，让三星从危机中崛起。

经历了 2000 年网络泡沫的腾讯和阿里巴巴都深知只有自己变革，才能从逆境中崛起。今天，腾讯和阿里巴巴已经成为全球市值前十的两家中国企业。

而一直以危机驱动成长的华为，更是通过不断变革自我获得发展，而今已是全球领域内的领导者。

我在研究和学习中，始终对那些经历了数次变革、渡过各种危机、保持旺盛生命力的企业充满敬意。从这些行业背景截然不同、个性迥异的公司中，我们很容易看出，这些公司都有一个共同的重要特征：在危机中确立增长的信心，在危机中彻底地进行自我变革。

易卜生说："真正的强者，善于从顺境中找到阴影，从逆境中找到光亮，时时校准自己前进的目标。"愿我们面对疫情，在困境中找到光亮，战胜疫情，成为真正的强者。愿企业面对疫情，在逆境中找到光亮，完善自我，成为真正的强者。

（2020-02-10）

2021 年的经营关键词

导读：2021 年，数字化按下了快进键、不确定性中显现机会、新经济范式、进化是硬道理，这四点就是我对于 2021 年经营环境的认知。我们可以借助这些认知，做出经营上的选择，来安排企业发展的策略。

2020 年，世界格局变幻莫测，矛盾和冲突跌宕起伏；在全球经济大衰退之下，中国成为唯一正增长的主要经济体；在数字经济已经崭露锋芒之时，疫情又帮助其按下了快进键，几乎在一夜之间，我们全部成为"数字居民"；中小企业全力以赴在危机中自救，大企业体现出更大的责任担当。"快"与"慢"，"生存"与"发展"，"全球化"与"双循环"，"疫情防控"与"恢复经济"，"数字产业化"与"产业数字化"，相互交织，错综复杂，如何认知？如何界定？如何判断？如何选择？

我们已经都感受到了，自 2020 年后，世界真的变得完全不同了，不再是我们曾经熟悉的那个世界。如果说过去三年，我反复强调，突破自我认知局限，去驾驭未知与变化，那么来到这个完全不再熟悉的世界，更需要我们快速迭代认知，拥有深度学习的能力，寻找到与未知和变化共处的能力，并从不确定性中获益。

所以，对于 2021 年，我依然不是用预测的方式，而是用认知的方式来谈谈我的想法。

⊙ 理解 2021 年的经营环境

数字化按下快进键

从消费端到产业端，数字化发展得越来越快。数字技术让各行各业都发生了深刻的变革，无论是工作方式、商业逻辑、行业生态都在巨变之中，数字技术正在全链条重塑产业价值，重构产业生态的每一个环节，也由此重建产业的空间。2020年，疫情更是加速了数字化的进程，在线化和数字化已经成为企业的必选项。中国信通院的统计报告显示，数字经济的整体规模在2019年已经占到GDP的36.2%，数字经济本身已经成为驱动经济增长的重要引擎。

不确定性中显现机会

无法预测未来，不确定性已经成为基本的环境特征，这一点已经成为人们的共识。所以，核心并不是不确定性本身，而是如何在不确定性中把握确定性，最重要的是，如何在不确定性中找到机会。我很喜欢《反脆弱》中的一句话："当你寻求秩序，你得到的不过是表面的秩序；而当你拥抱随机性，你却能把握秩序、掌控局面。"无论是在2020年疫情危机中崛起的企业，还是在数字化浪潮中崛起的企业，共性的特征就是于不确定性中找到机会。变化最大的好处就是带来无限新的可能性，这些可能性正在涌现。

新经济范式

数据作为生产要素，拓展出各个产业领域的无限想象空间，让我们看到每个行业在新范式下得以重构重生新价值。新的经济范式打破了传统工业时代相对稳定、封闭、垂直的线性模式，走向相对开放、互动、互联的协同模式。"直播带货"也许是一个典型的例证，在社会化协作的基础之上，出现了非常个性化和灵活的商业模式，完全不同于以往的零售模式，其带来的效率与价值创造在疫情冲击的背景下越发凸显。滴滴造车、犀牛智造、美的智能等一系列新模式的出现，让人们看到在数据与数字技术的驱动下，价值聚合、互动互联、即时跨界、共享协同等新增长点层出不穷，新经济范式带来的价值难以预估，同样，也需要传统范式下的企业要有自我革命的决心，否则就会被淘汰。

进化是硬道理

"新基建""双循环""十四五规划"，这一系列明确的方向指引同时预示着只有发展才有生存的机会，过去如是，未来依然如是。需要特别强调的是，这一轮的发展不同于以往，这一轮的发展是共同进化的过程。不是在原有基础上的线性发展，也不是原有模式的延伸，更不是以往成功的经验为借鉴，而是新的增长方式、自我进化与迭代，甚至是自我革命的方式。每一个人、每一个企业都需要突破自我的局限，打破传统的界限，快速更新自我，这样才能找到新的定位和新发展空间。

上面这四点，就是我对于2021年经营环境的认知。

⦿ 2021年经营选择的关键词

顺着上面对环境认知的理解。2021年，我们可以借助这些认知，做出经营上的选择，来安排企业发展的策略。我的选择如下。

聚焦价值创造

无论环境如何变化，技术如何改变，企业发展的基本原则是不变的，那就是聚焦、专注于顾客与顾客价值创造。与顾客在一起是企业存在的永恒基础，那些被淘汰的企业，本质上是顾客淘汰了它。马化腾曾在腾讯文化出品的年刊中写了一段话："我们以一种用户的心态去本能地捕捉用户价值，不是理性，而是本能。" 2021年的经营策略选择，我依然以聚焦价值创造为首选，真正去理解顾客需求，解决顾客痛点；创新顾客价值，帮助顾客成长，是企业增长的根本源泉。

拥有数字化能力

如果企业不能真正理解数字化带来的改变并做出改变，哪怕是现在还在一个相对优势的位置上，也可能会被淘汰出局，数字化能力成了企业的基本功。所以一些CEO明确说：未来所有的企业要么是数字化原生企业，要么是数字化转型的企业，那些没有数字化能力的企业不再存在。这个说法有些极端，却能够表明在接下来的发展中企业拥有数字化能力多么重要。一个企业是否拥有数字化能力，成为企业是否能够有机会走向未来的分水岭。数字化能力就是"连接""共生""当下"的能力。这不是一个严格的定义，我仅仅是从内在的逻辑和含义出发，帮助大家理解"数字化能力"，而更多企业的实践和技术模式创造已经在诠释着这个定义。

人人连接共生

"连接"与"共生"的能力意味着每一个领域都在打破边界，形成全新的价值。2020 年的疫情让我们更深刻地认识到连接与共生的价值。数字技术带来的可能性深入各个领域，并且已经展示在我们眼前。腾讯医疗就是运用腾讯的人工智能技术，帮助医生做辅助诊断，大幅度提升诊断的准确率；阿里巴巴的犀牛智造开启了"新制造"的想象空间；华为进入汽车领域，如果按照工业时代的逻辑，这是不可想象的事情。这三家企业都是把数字技术能力延展到不同的领域之中，给原有领域带来了全新价值和无限可能性。

持续组织学习

"坚持向一切先进的学习，包括向自己不喜欢的人学习。"这是任正非在送别荣耀会上的讲话，持续向先进学习贯穿华为的整个发展历程，也是华为得以成为领先者的关键要素之一。我们可以确定的是：学习者掌握未来。对于企业而言，组织学习力成为企业的战略性变量。真正的组织学习可以做到以下三点：第一，组织能持续获取知识，在组织内传递知识，并不断创造出新知识；第二，能持续增强组织的自身能力；第三，能带来绩效改善。概括地说，组织学习是持续创造新知识的过程，是持续增强组织能力的过程，是改善绩效的过程。

⊙ 结束语：英雄主义特质

今天，我更感受到拥有"英雄主义"特质的领导者和组织是多重要。2020 年春天，当疫情肆虐的时候，却有一组人将自己的生命与素昧平生的人的生命紧紧联系在一起，人世间处处看到他们的无私精神。他们是守护在一线的医护人员，是最美的逆行者，是出钱出力的企业家，是雷神山的建设者，是封城中穿梭的快递小哥……正是这些真正的英雄，让人们在错乱不安中，看到了希望，并勇于面对挑战、走出困境。

我在很多企业身上也看到了"英雄主义"特质。腾讯、阿里、华为等企业全力以赴，确保防疫、工作、生活得以快速恢复……这些担当和努力让人们感受到企业的温暖。

华为在遭遇疫情的冲击下所展示出来的正是一种英雄气质。

华为的价值观是"以客户为中心，以奋斗者为本，长期坚持艰苦奋斗，坚持自我批判、自我纠偏的自我反省之路"。但是，当我深入其内在的基本假设中，发现还有一种"英雄主义"的价值取向。这种英雄主义的价值取向可以从两个维度去看：一个是"危机意识"，一个为"优秀是一种习惯"。"危机意识"是任正非带领华为人淬炼自身英雄主义气概的方式。"优秀是一种习惯"是亚里士多德的观点，也是我理解"英雄主义"特征的来源。真正的英雄主义人格是"一颗伟大心灵的回声"，是一种使命与责任的担当，是一种推动进步的艰苦卓绝的努力。

2021年，变化与不确定性依然是一种根本性的存在。如果你和你的组织拥有"英雄主义"的特质，对你和你的组织而言，变化与不确定性会成为难得的机遇，从而创造出不同寻常的成就。希望我们如罗曼·罗兰所言"世界上只有一种真正的英雄主义，就是认清了生活的真相后还依然热爱它"。

（2020-12-19）

结束语

"生意"就是"生活的意义"[①]

导读：生意，就是生活的意义。当你的商业能为更多人提供一种美好的生活方式时，爱就在那里，依靠就在那里，幸福就在那里。只有生活的无限，才能铸就商业的无限；因为人终究是"生活者"，而不是工业化时代的"消费者"；那些最有影响力的公司直接颠覆了今天我们对于"商业"的认知。

我一直想写一本书——《什么是生意》。这是每个创业者、企业家、商业伙伴、管理研究者、管理教育者关心和讨论的话题。

可是当我不断思考的时候，我发现"生意"这个词用中文解释是最好的：它就是"生活的意义"。

⦿ "丝绸之路"源于对彼此美好生活的向往

我想先从我们最熟知的一段历史去讲。当我们今天去讨论"一带一路"的时候，我们会从很多角度诠释它。可是我还是很想让你理解丝绸之路之所以出现，真的源于人们对于丝绸的幻想和向往。

如果今天让我回顾这条路，延续了这么长的历史，连接了这么多的人。实际上是隔着千山万水，人们对彼此美好生活的向往。

我想这条路可以延续到今天，延续到未来，不是因为更多的人走过，而是因为更多的人想把生活连接起来，让我们去享受这份美好。

[①] 本文根据作者2017年11月5日在"新物种商业TALK2017暨《哈佛商业评论》中国年会"上的发言整理。

⊙ 两个"人生之问"

我们在生活中有两个常问的问题。

第一个问题：你富有吗？我想这个话题经常被讨论。可是我知道答案是明确的。这个答案不仅我可以给你，你完全也可以给自己。是的，我们是富有的，只要我们能用适合的方式去生活。

第二个也是我们在生活中经常讨论的问题，这个问题就是：你幸福吗？我相信你也和我的答案一样，这个答案也是很明确的：是的，我们是幸福的，只要我们的目标在我们力所能及的范围之内。

因此，富有和幸福最真实的定义和含义只需要两个词：一个词叫"适合"；一个词叫"力所能及"。

我今天之所以讨论这个话题，原因就在于我们身处一个日新月异的时代，一个追寻更多的社会。

我们真的需要那么多吗？

商业所遵循的逻辑到底应该给人更多，还是给人"更适合"？

到底是去满足物质上的追求，还是要回到生活本身？

每个人该为此扪心自问。

⊙ 圣诞老人是最真实的存在

很多人都将圣诞节视为商业机会。但是，圣诞节真正温暖、动人之处，在于它触碰了人类最真实、最纯净的渴望。

1897年，一个生活在美国弗吉尼亚的8岁小女孩给《纽约太阳报》写信问道，"圣诞老人真的存在吗？"她那纯真的笔触渴望一个真实的答案。

当时的《纽约太阳报》编辑Francis给她回信道，"是的，圣诞老人真的存在！"

一个成人，在他经历过所有生活的挑战、考验、历练之后，给出了一个最真实、最纯净的答案。因为这个世界上最真实的美好是眼睛看不见的，那恰恰是最需要你去理解的部分：去细心理解每一个节日，去细心体会每一件事物。

⊙ 什么成就了最有影响力的公司

我自己是做领先企业研究的。在过去近三十年的研究中，我一直想知道那些世界领先的企业和中国领先的企业到底为什么领先？我们今天所讨论的优秀企业，包括获奖的百位最佳 CEO，他们所缔造的这些企业能不能从一个伟大的角度去诠释它，找到真正产生影响力的根源？

苹果、脸书、亚马逊、腾讯、阿里巴巴、华为，今天所有这些"最具影响力的公司"都可以用三个词来描述它们：远见、决心与活力。

它们对于世界的影响，对于人类生活的影响，甚至对于未来的影响，的确使它们功勋卓著，成就斐然。但这只是表象，它们还有更深层的共性。这些共性根植于人类对美好生活的向往，根植于帮助人类近距离和远距离地分享价值。

这些领先的公司使我们的生活变得更加便捷。它们不仅给你个体满足感，更给你过程体验感。它们关注的是生活本身。因此，今天这个时代，对于"生意"的认知需要非常大的调整。

过去，商业是让顾客拥有更多的东西；今天，商业要回答的是：帮顾客拥有什么样的生活？

过去，我们崇尚"更多、更好的理念"；今天，对幸福与财富追本溯源，我们秉持"适当就好"的理性价值观。

过去，工业化时代是大量生产、大量消费；今天，一切都要纳入可持续发展的框架。

⊙ 人必须是生活者，而不是消费者

"生意"真正的意义在于：你能不能够提供生活的解决方案，而非销售商品——这是我们今天关注的最重要的逻辑。在这个概念当中，"商业"探索未知，穿行时光，连接起过去、现在与未来。

技术为人类提供了一个拓展生活可能性的空间，技术本身没有意义。人必须是生活者，而不是消费者。从这个意义上，我们就可以推动我们整体的进步。

我喜欢宋瓷，它成为陶瓷艺术的巅峰源于其典雅；立顿红茶则代表了一种悠然的生活方式；IBM的"深蓝"一直在解决人类"思考"的问题；日本料理，于简单中变幻无穷；哈根达斯，"爱她，就带她去哈根达斯"，深情款款；我更喜欢超过百年历史的同仁堂，它用心力诠释真正的"悬壶济世"；我们也知道"生活是一种残缺的艺术"（乔布斯语），但乔布斯的设计可以让它趋于完美。

这一切的努力都在回答一个问题：最好的产品到底是什么？

就是你去交心。

最重要的不是物与物的交易，而是为顾客提供一个非常美好的选择——这个选择将为她带来爱、惊喜，甚至是灵魂的依靠。

⊙ 生活的无限铸就商业的无限

智能机器人的出现不会影响你，如果你能够真正去思考；人工智能不会令你焦虑，如果你真正理解其存在的意义。真正令人担心的不是机器人像你一样思考，而是你像机器人一样思考！

著名哲学家怀特海说，"人类的生活是建立在技术、科学、艺术和宗教之上的。"我希望我们在生活和商业之间找到最佳匹配模式，它将使商业持久繁荣下去。因为只有生活的无限，才会铸就商业的无限。

（2017-11-06）